Ein Informationspaket

Solare Nahwärme

Ein Leitfaden für die Praxis

Martin Benner
Boris Mahler
Dirk Mangold
Thomas Schmidt
Monika E. Schulz
Helmut Seiwald
mit Beiträgen von:
Martin Ebel
Rainer Kübler

Wissenschaftliche Gesamtleitung:
Prof. Dr.-Ing. E. Hahne

Herausgeber

FACHINFORMATIONSZENTRUM
KARLSRUHE
Gesellschaft für wissenschaftlich-technische Information mbH.

BINE ist ein Informationsdienst des Fachinformationszentrums Karlsruhe, Gesellschaft für wissenschaftlich-technische Information mbH, für die Themen neue Energietechnologien und Umwelt. BINE wird vom Bundesministerium für Bildung, Wissenschaft, Forschung und Technologie (BMBF) gefördert.
Für weitere Fragen steht Ihnen zur Verfügung:

Dipl.-Biol. Micaela Nolte
Fachinformationszentrum Karlsruhe, Büro Bonn
Mechenstraße 57, 53129 Bonn, Telefon 0228/92379-0
Telefax 0228/92379-29, E-Mail bine@fiz-karlsruhe.de

Die Deutsche Bibliothek – CIP-Einheitsaufnahme

Solare Nahwärme: ein Informationspaket
Hrsg. Fachinformationszentrum Karlsruhe, Gesellschaft für Wissenschaftlich-Technische Information mbH. Wiss. Gesamtleitung: E. Hahne. - Köln: TÜV-Verl., 1998
   (BINE)
   ISBN 3-8249-0470-5

Gedruckt auf Recyclingpapier.

ISBN 3-8249-0470-5
© by TÜV-Verlag GmbH, Unternehmensgruppe
TÜV Rheinland/Berlin-Brandenburg, Köln 1998
Titelfotos: AUFWIND-Luftbilder, Holger Weitzel,
Gertrud Bäumer Stieg 102, 21035 Hamburg
Gesamtherstellung: TÜV-Verlag GmbH, Köln
Printed in Germany 1998

Inhaltsverzeichnis

Vorwort

Im Bereich der Wärmeversorgung von Gebäuden besteht ein erhebliches Energieeinsparpotential, das mittels passiver und aktiver Sonnenenergienutzung sowie einem verbesserten Wärmeschutz und effizienter Heizungsanlagen genutzt werden kann. Im Rahmen der Forschungs- und Entwicklungsarbeiten zur solaren Nahwärmeversorgung von Wohnsiedlungen mit und ohne saisonaler Wärmespeicherung sind mittlerweile unterschiedliche Konzepte entwickelt worden. Mehrere Solare Nahwärmesysteme mit einem Kurzzeitspeicher sind bereits in Betrieb. Die Ergebnisse zeigen, daß diese Anlagen deutlich geringere Wärmekosten verursachen als Solarkollektoren im Ein- und Zweifamilienhaus. Die saisonale Nahwärmeversorgung mit Langzeitwärmespeicher wird derzeit in drei Pilotanlagen erprobt. Die Projekte werden im Rahmen der Fördermaßnahme Solarthermie-2000, Teilprogramm 3: Solare Nahwärme, vom Bundesministerium für Bildung, Wissenschaft, Forschung und Technologie (BMBF) gefördert.

Das BINE-Informationspaket stellt einen Planungsleitfaden für unterschiedliche Anlagenkonzepte mit und ohne Langzeitwärmespeicher dar. Es ist entsprechend den Planungsphasen der HOAI gegliedert und umfaßt den gesamten Projektablauf beginnend mit den notwendigen Voraussetzungen über die komplette Projektabwicklung bis hin zur Darstellung einiger ausgeführter Beispiele. Die Projektabwicklung ist gegliedert in die einzelnen Schritte: Grundlagenermittlung, Vor-, Entwurfs-, Genehmigungs- und Ausführungsplanung, Vergabe, Objektüberwachung, Objektbetreuung und Dokumentation sowie Langzeitüberwachung der ausgeführten Baumaßnahme.

Die Arbeiten wurde im Rahmen des Vorhabens 0329606C vom Bundesministerium für Bildung, Wissenschaft, Forschung und Technologie gefördert. Die Autoren danken für diese Unterstützung.

FACHINFORMATIONSZENTRUM KARLSRUHE,
Gesellschaft für wissenschaftlich-technische Information mbH
Büro Bonn

1 Einführung

1.1 Reduktion des Energieverbrauchs

In der Bundesrepublik Deutschland werden heute rund 32 % des Endenergiebedarfs für die Beheizung von Gebäuden verwendet. Die mit dem Energieverbrauch verbundenen Emissionen tragen in erheblichem Maße zur Luftverschmutzung und zum Treibhauseffekt bei. Gleichzeitig bietet der Bereich der Gebäudeheizung eines der größten Potentiale zur Reduktion der Emissionen /1/. Erhebliche Einsparungen an Primärenergieträgern wie z. B. Erdöl oder Erdgas sind in diesem Bereich bereits heute möglich.

In den vergangenen Jahren wurden Konzepte für die Energieversorgung von Wohnsiedlungen entwickelt, die bei möglichst geringen Mehrkosten den fossilen Brennstoffbedarf zur Wärmeversorgung der Siedlung um bis zu 50 % und mehr reduzieren. Solche integralen Wärmeversorgungskonzepte (Abb. 1.1) resultieren aus kostenoptimalen Maßnahmenkombinationen unter Berücksichtigung von:

- erhöhtem baulichem Wärmeschutz,
- zentraler Wärmeversorgung mit effizienter Energieumwandlung,
- thermischer Nutzung von Solarenergie.

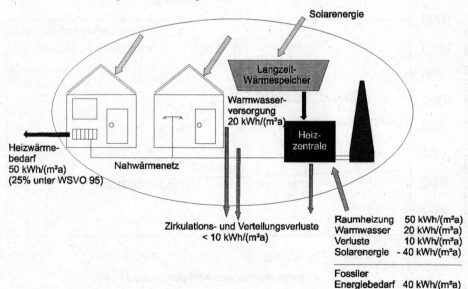

Abb. 1.1: Prinzip des integralen Wärmeversorgungskonzeptes, Daten je m² beheizter Wohnfläche (Beispiel)

Abbildung 1.1 zeigt, daß durch die Kombination von verbessertem baulichem Wärmeschutz und einer solar unterstützten Nahwärmeversorung mit Langzeit-Wärmespeicher der Energiebedarf an fossilen Brennstoffen zur Wärmeversorgung der Siedlung auf 40 kWh/(m²a) reduziert werden kann. Ausgehend von einem Geasamtwärmebedarf von 87 kWh/(m²a), der sich bei konventioneller Bauweise entsprechend der WSVO 95 ohne Nahwärmeversorgung ergeben würde, ist dies eine Einsparung von über 50 %.

1.2 Energieeinsparung durch Solaranlagen

1.2.1 Solaranlagen mit Kurzzeit-Wärmespeicher

Solaranlagen mit Kurzzeit-Wärmespeicher und Kollektorflächen über 100 m² werden vorzugsweise in die Wärmeversorgung von großen Mehrfamilienhäusern, Krankenhäusern, Wohnheimen oder Wohnsiedlungen eingebunden. Wenn durch die Solaranlage Brauchwasser erwärmt werden soll, wird diese auf 80 bis 100 % solarer Deckung des Warmwasserbedarfs während der Sommermonate, d. h. auf etwa 40 bis 50 % des jährlichen Wärmebedarfs zur Brauchwassererwärmung ausgelegt. Dies entspricht einem solaren Deckungsanteil von rund 20 % des Gesamtwärmebedarfs für Raumheizung und Warmwasserbereitung. Der solare Deckungsanteil, als Quotient des solar gedeckten Wärmebedarfs durch den Gesamtwärmebedarf, kann etwas gesteigert werden, wenn die Solaranlage zusätzlich zur Brauchwassererwärmung auch die Raumheizung unterstützt.

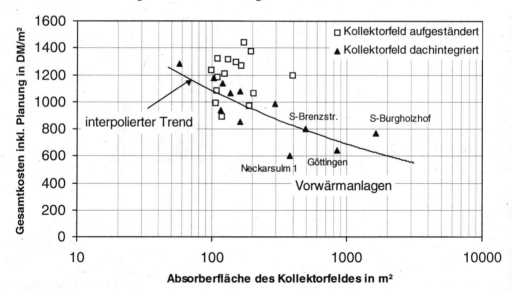

Abb. 1.2:   Gesamtkosten solarer Großanlagen mit Kurzzeit-Wärmespeicher, inkl. Planung, ohne MWSt., Geldwert Januar 1998. Die Angaben beziehen sich auf die Kollektorfläche (S: Stuttgart).

Große Solaranlagen, die Wärme in eine zentrale Wärmeversorgung einspeisen, lassen sich mit weniger als der Hälfte der Investitionskosten verwirklichen als individuelle Anlagen in den einzelnen Gebäuden: Kleinanlagen mit einer Kollektorfläche von ca. 5 m², die den jährlichen Wärmebedarf zur Brauchwassererwärmung einer Familie zu rund 50 % solar decken, sind derzeit durchschnittlich für 9360 DM (inkl. Montage, ohne MWSt.) zu erhalten. Dies entspricht einem auf die Kollektorfläche bezogenen Anlagenpreis von 1870 DM/m². Großanlagen ab 100 m² Kollektorfläche haben dagegen - bei gleichem solaren Deckungsanteil - Systempreise von rund 1000 DM/m² bei dachintegriertem Kollektorfeld bzw. von rund 1200 DM/m² bei aufgeständertem Kollektorfeld (Abb. 1.2). Vorwärmanlagen, die größere Nahwärmenetze solar vorheizen und einen geringeren solaren Deckungsanteil erzielen, kosten rund 650 DM/m² /2/.

Zusätzlich zum Vorteil des günstigeren Kosten-Nutzen-Verhältnisses haben große Solaranlagen den Vorzug, daß sie effektiver arbeiten als vergleichbare Kleinanlagen: Dies liegt zum einen an den in Großanlagen ausgeglicheneren Lastprofilen, zum anderen an relativ zum Systemertrag geringeren Speicher- und Rohrleitungsverlusten. Zudem lassen sich intelligente Regelsysteme zur Ertragsoptimierung in Großanlagen wirtschaftlicher realisieren als in Kleinanlagen.

1.2.2 Das Konzept solar unterstützter Nahwärmeversorgung

Prinzipiell besteht kein Unterschied zwischen Fern- und Nahwärmeversorgung. Die klassische Fernwärmeversorgung besteht aus Heizzentrale, Wärmeverteilnetz und Hausübergabestationen und wird meist von großen Kraftwerken mit Wärme versorgt. Aufgrund der relativ hohen Rohrleitungs- und Verlegekosten wird Fernwärme in der Regel nur in Gebieten mit hoher Wärmebedarfsdichte verlegt. Eine zentrale Wärmeversorgung hat jedoch auch in kleineren Neubaugebieten mit geringerer Wärmebedarfsdichte Vorteile und kann, gegenüber einzelnen Wärmeerzeugern in den Gebäuden, wirtschaftlich verwirklicht werden. Eine zentrale Wärmeversorgung ermöglicht den wirtschaftlichen Einsatz energiesparender und umweltfreundlicher Techniken wie z. B. Brennwerttechnik, Gasmotorwärmepumpe, Blockheizkraftwerk, Biomasseverbrennung und die Nutzung von Solarenergie. Besonders bei Einsatz eines Langzeit-Wärmespeichers ist eine Nahwärmeversorgung unerläßlich. Zudem bietet eine zentrale Wärmeversorgung immer die Möglichkeit, den zentralen Wärmeerzeuger schnell an neue technische Entwicklungen anzupassen. Dies ist insgesamt kaum durchführbar, wenn in jedem Gebäude ein einzelner Wärmeerzeuger installiert ist.

1.2.3 Solar unterstützte Nahwärmeversorgung mit Langzeit-Wärmespeicher

Ein solar unterstütztes Nahwärmesystem mit Langzeit-Wärmespeicher versorgt größere Wohnsiedlungen mit mindestens 100 Wohneinheiten. Die zeitliche Verschiebung zwischen Solarstrahlungsangebot und maximalem Wärmebedarf wird über die saisonale Wärmespeicherung ausgeglichen. Die Pilotanlagen in Deutschland sind auf solare Deckungsanteile von 40 bis 50 % des Gesamtwärmebedarfs ausgelegt.

Für Langzeit-Wärmespeicher gibt es unterschiedliche Konzepte, um Wärme entweder direkt im Untergrund oder in künstlich geschaffenen Behältern zu speichern. Die Technologie,

Wärme über mehrere Monate, d. h. saisonal zu speichern, befindet sich derzeit noch in der Entwicklung. Erste Speichertypen (Heißwasser-Wärmespeicher) sind mittlerweile erprobt und ihre Eignung zur Langzeit-Wärmespeicherung auf hohem Temperaturniveau (bis 95 °C) ist nachgewiesen.

1.3 Wärmeverteilnetze für eine solar unterstützte Nahwärmeversorgung

Zur Verwirklichung solar unterstützter Nahwärmenetze können alle in der konventionellen Fernwärmeversorgung entwickelten Konzepte verwendet werden. Zusätzlich ist die Solaranlage zu integrieren. Aus der Vielzahl möglicher Netztechniken werden am häufigsten die zwei folgenden, grundsätzlich unterschiedlichen Netzvarianten angewandt.

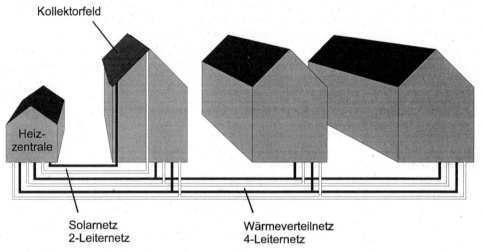

Abb. 1.3:   4+2-Leiternetz zur solar unterstützten Nahwärmeversorgung

Ein **4+2-Leiternetz** (Abb. 1.3) besteht aus einem 4-Leiternetz zur Wärmeversorgung der Gebäude sowie einem Solarnetz mit zwei Leitern, mit dem das Kollektorfeld in die zentrale Wärmeversorgung eingebunden wird. Das konventionelle 4-Leiternetz besteht aus je einer Vor- und Rücklaufleitung für Brauch- und Heizwasser und versorgt alle Wohneinheiten direkt aus der Heizzentrale mit Warmwasser und Raumheizwärme. Netze dieser Art werden vorwiegend bei sehr großer Anschlußdichte und kurzer Netztrasse ausgeführt. Eine typische Anwendung ist die Wärmeversorgung einer Wohnanlage mit mehreren Mehrfamilienhäusern, bei der das Nahwärmenetz durch Kellerräume oder eine Tiefgarage verlegt werden kann.

Ein **2+2-Leiternetz** (Abb. 1.4) nutzt zwei Leiter zur Wärmeversorgung der Gebäude. Die Aufteilung der gelieferten Wärme zur Raumheizung oder Brauchwassererwärmung erfolgt in den einzelnen Gebäuden und nicht in der Heizzentrale wie beim 4+2-Leiternetz. Das Solarnetz verbindet die Kollektorfelder mit der Heizzentrale durch zwei weitere Leiter. Netze dieser Art werden vorwiegend zur solar unterstützten Nahwärmeversorgung größerer Siedlungen verwendet. Dieses System eignet sich ebenso zur Einbindung eines Langzeit-Wärmespeichers.

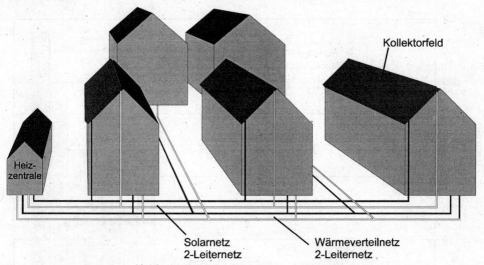

Abb. 1.4: 2+2-Leiternetz zur solar unterstützten Nahwärmeversorgung

1.4 Kollektortechnik zur solar unterstützten Nahwärmeversorgung

In Deutschland werden Solarkollektoren seit über zwanzig Jahren entwickelt und sind heutzutage, nicht zuletzt dank eines stetigen Wachstums seit 1991, ausgereifte, industriell hergestellte Produkte. Die Entwicklung des deutschen Solarmarktes ist in Abb. 1.5 dargestellt.

Für eine solar unterstützte Nahwärmeversorgung sind große, zusammenhängende Kollektorflächen notwendig. In Skandinavien werden diese Kollektorflächen meist sehr einfach und dadurch kostengünstig auf einem Grundstück in der Nähe der Heizzentrale auf dem Erdboden aufgeständert. Aufgrund der hohen Kosten für Bauland kann dies in Deutschland in der Regel nicht realisiert werden, so daß die Kollektoren auf die Dächer der Gebäude montiert werden müssen.

Hierfür stehen drei Systeme zur Verfügung: Entweder wird das Kollektorfeld aus seinen Einzelteilen direkt vor Ort auf das Dach, d. h. „on-site", installiert, oder es werden große, industriell gefertigte Kollektormodule auf das Dach montiert. Die **on-site-Montage** hat den Vorteil, daß das Kollektorfeld gut der Dachflächenform angepaßt werden kann, doch wird sie heute aufgrund der Witterungsabhängigkeit der Montage nur noch selten ausgeführt. Dagegen können die **großen Kollektormodule,** mit einer Fläche von 8 bis 12 m², bei fast jedem Wetter montiert werden. Eine Reihe von Kollektorherstellern bietet erprobte Dichtsysteme an, so daß die Kollektoren direkt auf ein Unterdach montiert werden können und das Kollektorfeld die Dacheindeckung ersetzt. In letzter Zeit wurden in Deutschland und

Schweden sogenannte **Kollektordächer** entwickelt: Dies sind vollständige Dachmodule einschließlich Sparren und Wärmedämmung, die anstelle der herkömmlichen Dacheindeckung einen Kollektor tragen. Dieses System ist meist am kostengünstigsten.

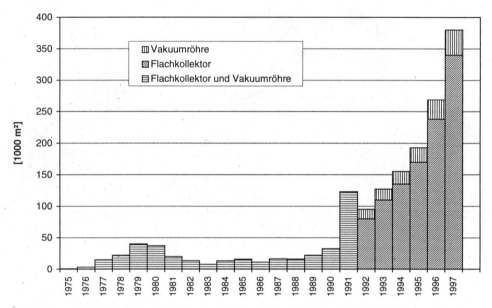

Abb. 1.5:   Jährlich installierte Kollektorfläche in Deutschland (Quellen: DFS, ITW, ZFS)

1.5 Wirtschaftlichkeit solar unterstützter Nahwärmeversorgungen

1.5.1 Vergleich von solaren Klein- und Großanlagen

Die in Abb. 1.6 dargestellten zusätzlichen Investitionskosten je eingesparter kWh geben an, welcher Betrag zusätzlich zur konventionellen Wärmeversorgung investiert werden muß, um jährlich eine kWh Wärme durch Solarenergie zur Verfügung zu stellen. Große Solaranlagen mit Kurzzeit-Wärmespeicher haben das beste „Kosten-Nutzen-Verhältnis": Um pro Jahr eine kWh Wärme aus Solarenergie zu nutzen, sind nur etwa 1,50 bis 3 DM zu investieren. Bei einer Lebensdauer von 20 Jahren errechnen sich damit solare Wärmekosten von rund 15 bis 30 Pf/kWh. Solaranlagen mit Langzeit-Wärmespeicher erfordern für solare Deckungsanteile von 50 % des Gesamtwärmebedarfs Investitionskosten von 3 bis 5 DM je jährlich eingesparter kWh. Zum Vergleich ist eine Kleinanlage zur Brauchwassererwärmung aufgeführt. Deren „Kosten-Nutzen-Verhältnis" ist rund zwei- bis dreimal höher als das einer solar unterstützten Nahwärmeversorgung. Dieser Kostenvorteil zu Kleinanlagen wird vor allem durch den bei Bezug auf die Kollektorfläche günstigeren Systempreis von solaren Großanlagen verursacht.

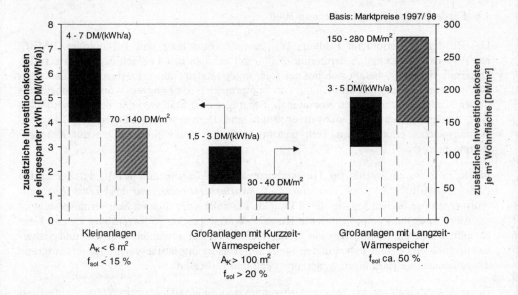

Abb. 1.6: Zusätzliche Investitionskosten von Solaranlagen, Angaben inkl. Planung, ohne MWSt.
(A_K: Kollektorfläche, f_{sol}: solarer Deckungsanteil)

Solar unterstützte Nahwärmeversorgungen mit Langzeit-Wärmespeicher erfordern mit 150 bis 280 DM/m² Wohnfläche die höchsten zusätzlichen Investitionskosten. Dies entspricht jedoch nur ca. 5 bis 8 % der Verkaufspreise für die Wohngebäude. Hierbei ist auch zu beachten, daß diese Anlagen einen weitaus höheren solaren Deckungsanteil erreichen als Kleinanlagen und Großanlagen mit Kurzzeit-Wärmespeicher.

1.5.2 Vergleich mit anderen Energieeinsparmöglichkeiten

Eine aktuelle Untersuchung zeigt, daß ab einer Wärmebedarfseinsparung von ca. 20 % unter dem durch die WSVO 95 vorgeschriebenen Jahresheizwärmebedarf große Solaranlagen im Vergleich zu alternativen Energieeinsparmaßnahmen wie zusätzlicher Wärmedämmung oder auch Lüftungsanlagen mit Wärmerückgewinnung wirtschaftlich konkurrieren können /3/. Die für das Jahr 2000 angekündigte Novellierung der Wärmeschutzverordnung wird im Wohnungsbau Energieeinsparungen von 20 bis 30 % gegenüber dem jetzigen Standard fordern.

1.6 Förderprogramm Solarthermie-2000

Das Bundesministerium für Bildung, Wissenschaft, Forschung und Technologie (BMBF) hat 1993 das Programm „Solarthermie-2000" mit zehnjähriger Laufzeit ins Leben gerufen. Das Teilprogramm 3 befaßt sich mit der solar unterstützten Nahwärmeversorgung und dient zur Vorbereitung und Verwirklichung von Pilotprojekten mit Langzeit-Wärmespeicher. Aus diesem Teilprogramm können Kommunen, Bauträger oder Stadtwerke in besonderen Fällen eine Förderung zum Bau innovativer Pilot- und Demonstrationsanlagen mit Langzeit-Wärmespeicher erhalten. Das Teilprogramm 2 fördert große Solaranlagen mit Kurzzeit-Wärmespeicher.

Im Rahmen des am Institut für Thermodynamik und Wärmetechnik (ITW) durchgeführten Forschungsvorhabens *Solar unterstützte Nahwärmeversorgung mit und ohne Langzeit-Wärmespeicher* /4/ wurden die ersten Projekte zur solar unterstützten Nahwärmeversorgung realisiert. In ersten Pilotprojekten mit Kurzzeit-Wärmespeicher in Ravensburg /5/ und Nekkarsulm wurde die Dachintegration großer Kollektorfelder sowie die Anlagen- und Sicherheitstechnik einer solar unterstützten Nahwärmeversorgung umfangreich erprobt, aufgrund der gewonnenen Erfahrungen weiterentwickelt und verbessert.

Die ersten Pilotanlagen zur solaren Nahwärmeversorgung mit Langzeit-Wärmespeicher auf hohem Teperaturniveau wurden im Herbst 1996 in Betrieb genommen (Hamburg, Friedrichshafen), weitere werden im Jahr 1998 folgen (Chemnitz, Neckarsulm).

2 Voraussetzungen für eine solar unterstützte Nahwärmeversorgung

2.1 Bebauungsplan

In der Bauleitplanung werden die Rahmenbedingungen festgelegt, die wesentlichen Einfluß auf den Einsatz eines solar unterstützten Nahwärmesystems haben, bzw. dieses überhaupt erst ermöglichen. Die folgenden Punkte sollten bei der Erstellung von Bebauungsplänen beachtet werden.

„Solarisierung" der Bebauungspläne

Unter diesem Begriff ist die Berücksichtigung der aktiven und passiven Nutzung der Solarenergie im Bebauungsplan zu verstehen.

Bei normalen Wohngebäuden (Heizwärmebedarf entsprechend WSVO 95, keine extrem großen Verglasungsflächen) ist der Einfluß der Ausrichtung des Gebäudes auf den Heizwärmebedarf gering: Eine Reihenhauszeile, deren First in Nord-Süd Richtung verläuft, benötigt durch geringere passive Solargewinne etwa 2 bis 3 % mehr Heizenergie als dieselbe Zeile mit Ost-West Ausrichtung. (Abb. 2.1).

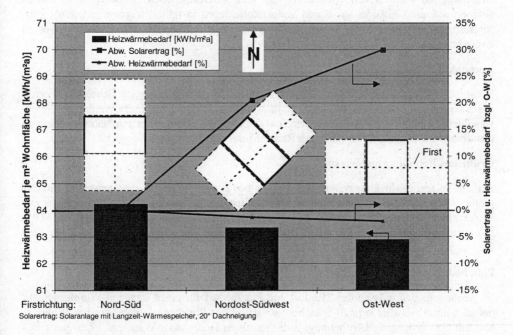

Abb. 2.1: Einfluß der Ausrichtung einer Reihenhauszeile auf die passiven und aktiven Solargewinne (TRNSYS-Simulationsergebnisse)

Werden auf die Gebäude Solarkollektoren installiert, spielt die Orientierung jedoch eine wesentliche Rolle: Die Kollektoren der Ost-West Zeile liefern in einem solaren Nahwärmesystem gegenüber einer Nord-Süd-Ausrichtung einen etwa 30 % höheren Solarertrag, bei einer gleichbleibenden Dachneigung von 20°.

Abweichungen der Kollektorfeldausrichtung um maximal ± 30° von der idealen Südausrichtung können ohne große Ertragseinbuße toleriert werden. Häufig wird in Bebauungsplänen die Dachneigung vorgegeben. Diese sollte für Gebäude, auf denen Sonnenkollektoren installiert werden, möglichst zwischen 30 und 50° betragen. Weiterhin ist eine mögliche Verschattung der Kollektorfelder durch benachbarte Gebäude und hohe Bäume zu vermeiden.

Die für die Installation von Sonnenkollektoren benötigte Dachfläche hängt von der Bebauungsstruktur (EFH, RH, MFH) und vom angestrebten solaren Deckungsanteil ab. Bei Beachtung der vorangegangenen Punkte ist, in einer gemischten Bebauung, für eine Anlage mit Langzeit-Wärmespeicher und einem solaren Deckungsanteil von 50 % des Gesamtwärmebedarfs etwa die Hälfte bis zwei Drittel der Gebäude mit Kollektoren zu belegen. Bei Anlagen mit Kurzzeit-Wärmespeicher, die einen solaren Deckungsanteil von ca. 20 % des Gesamtwärmebedarfs erzielen, genügt es, etwa 20 % der Dachfläche mit Kollektoren zu belegen.

Hieran läßt sich erkennen, daß keine architektonische Monokultur mit streng nach Süden ausgerichteten Dachflächen erforderlich ist. Aus wirtschaftlichen Gründen ist es jedoch wichtig, daß die Gebäude, auf denen Sonnenkollektoren installiert werden, möglichst konzentriert um die Heizzentrale liegen, um eine günstige Leitungsführung des Solarnetzes zu ermöglichen.

Kompakte Bebauungsstruktur

Voraussetzung für den Einsatz von Nahwärmesystemen ist eine kompakte Bebauungsstruktur. Ein Baugebiet mit weit voneinander entfernt stehenden Einfamilienhäusern würde im Wärmeverteilnetz zu hohe Verluste verursachen, um die Investitionskosten für ein Nahwärmenetz zu rechtfertigen. Gut geeignet sind dagegen Reihenhäuser und Mehrgeschoßgebäude.

Größe des Bebauungsgebietes

Für ein solares Nahwärmesystem mit Langzeit-Wärmespeicher ist eine gewisse Mindestgröße bzw. ein Mindestwärmebedarf erforderlich (siehe auch Kapitel 4.2). Bei einem Wohngebiet liegt die Untergrenze bei etwa 100 bis 150 Wohneinheiten bzw. 1500 MWh Jahresgesamtwärmebedarf. Für solare Nahwärmeanlagen mit Kurzzeit-Wärmespeicher liegt die Untergrenze bei 30 bis 40 Wohneinheiten.

Platzbedarf des Wärmespeichers

Im Bebauungsplan müssen der Standort und Platzbedarf für einen Langzeit-Wärmespeicher berücksichtigt werden. Je nach Speichertyp variiert der Platzbedarf erheblich. Ein Wohngebiet mit 500 Wohneinheiten benötigt z. B. für einen Heißwasser-Wärmespeicher einen Bereich von mindestens 35 m Durchmesser zuzüglich Platz für die Baugrube und die Zwischenlagerung von Aushub während der Bauphase.

2.2 Baurecht

Anschluß an die Nahwärmeversorgung

Eine wichtige Voraussetzung für den wirtschaftlichen Betrieb eines solar unterstützten Nahwärmesystems ist der Anschluß sämtlicher Gebäude im Versorgungsgebiet an die Wärmeversorgung. Befinden sich die Grundstücke im Eigentum der Gemeinde, kann die Anschlußpflicht in den privatrechtlichen Grundstückkaufverträgen festgeschrieben werden. Dies sollte durch einen entsprechenden Eintrag im Grundbuch gesichert werden. Ist die Gemeinde nicht im Besitz aller Grundstücke, kann der Anschluß- und Benutzungszwang durch einen Satzungsbeschluß des Gemeinderates (z. B. §11 Abs. 2 der Gemeindeordnung Baden-Württemberg) festgelegt werden.

Niedrigenergiebauweise

Wie in /3/ ausgeführt, ist es meist wirtschaftlich sinnvoll, zunächst den baulichen Wärmeschutz so weit zu verbessern, daß die Gebäude einen um etwa 20 bis 30 % geringeren Heizwärmebedarf haben, als die WSVO 95 für das jeweilige Gebäude fordert. Für eine solare Nahwärmeversorgung muß daher immer versucht werden, die Gebäude in Niedrigenergiebauweise zu errichten. Ist die Gemeinde im Besitz der Grundstücke, kann die Niedrigenergiebauweise ebenso wie der Anschluß an die Nahwärmeversorgung in den privatrechtlichen Grundstückkaufverträgen festgelegt werden. Die Festsetzung von Energiekennzahlen innerhalb des Bebauungsplans ist rechtlich umstritten.

Grunddienstbarkeiten

Sind die Kollektorfelder nicht im Besitz des Gebäudeeigners, sondern z. B. des Betreibers der Nahwärmeversorgung, müssen in das Grundbuch sogenannte Grunddienstbarkeiten eingetragen werden. Darunter ist das Recht zur Errichtung und zum Betrieb der Kollektoren, Übergabestationen und Rohrleitungen sowie der Zugang zu den Komponenten zu verstehen.

2.3 Haustechnik

Neben der Niedrigenergiebauweise sind innerhalb der Gebäude weitere technische Randbedingungen für ein solares Nahwärmesystem wichtig:

Heizungssystem

In den Gebäuden muß ein Niedertemperatur-Heizungssystem installiert werden. Abhängig von der Art des Nahwärmenetzes (2-Leiter, 4-Leiter etc.) können in den Gebäuden eigene witterungsgeführte Heizungsregler notwendig sein. Die Auslegung der Vor- bzw. Rücklauftemperatur am kältesten Tag auf 70/40 °C hat sich bewährt. Niedrigere Heiznetztemperaturen, wie z. B. in Fußbodenheizungssystemen, verbessern den solaren Nutzwärmeertrag. In den technischen Anschlußbedingungen, die ein Betreiber den Wärmeabnehmern stellt, sollten technische Details und Anforderungen klar erläutert und diese frühzeitig mit den Planern des hausinternen Heizungssystems abgesprochen werden.

Hydraulischer Abgleich

Für den Betrieb einer Solaranlage sind niedrige Rücklauftemperaturen sehr wichtig. Nach Abb. 2.2 nimmt der solare Deckungsanteil von 39 % bei einer Auslegungs-Rücklauftemperatur von 30 °C auf ca. 35,6 % bei einer Rücklauftemperatur von 50 °C ab.

Es kommt nicht selten vor, daß Heizkörper und Heizungsrohre hydraulisch falsch ausgelegt werden, oder daß durch Änderungen während des Baus die anfangs richtig ausgelegte Hydraulik letztendlich trotzdem falsch installiert ist. Selbst bei richtiger Auslegung werden die Rücklaufverschraubungen bzw. voreinstellbaren Thermostatventile beim Einbau häufig nicht sorgfältig eingestellt. Als Folge davon werden die Heizkörper ungleichmäßig durchströmt, was letztlich zu einer höheren Rücklauftemperatur führt. Aus diesem Grund ist mit Nachdruck darauf zu achten, daß der hydraulische Abgleich tatsächlich ausgeführt wird!

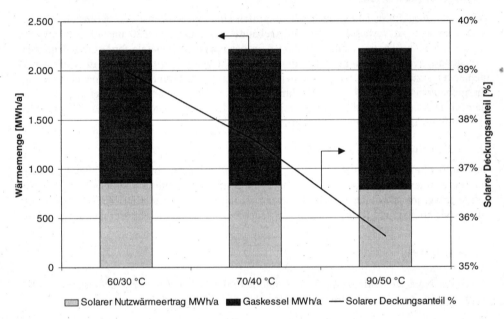

Abb. 2.2: Einfluß der Heizungsauslegung (Vorlauf-/ Rücklauftemperatur) in einem solar unterstützten Nahwärmesystem mit Langzeit-Wärmespeicher (Bsp. Friedrichshafen, TRNSYS-Simulationsergebnisse)

2.4 Projektorganisation

Bei der Realisierung einer solar unterstützten Nahwärmeversorgung ist die frühzeitige Zusammenarbeit von Anlagenplanern, Anlagenbetreibern, Bauherren und Architekten von entscheidender Bedeutung. Bei kleineren Projekten und Eigentümergemeinschaften kann die Wärmeversorgung Bestandteil der Gebäude sein, d. h. die Bauherren sind gleichzeitig die Besitzer der Wärmeversorgung. Werden ganze Wohngebiete mit Nahwärme versorgt, gibt es in der Regel einen Betreiber, der Besitzer der Wärmeversorgung ist. In vielen Projekten treten die örtlichen Stadtwerke als Betreiber des solaren Nahwärmesystems auf. Es gibt jedoch zunehmend Energiedienstleistungsunternehmen, die als Contractor wirken. Wenn zwischen Gebäudeeignern und Anlagenbetreibern differenziert werden muß, ist es wichtig, die Schnittstellen hinsichtlich Kosten und Zuständigkeiten klar zu definieren. Im wesentlichen betrifft dies die Hausübergabestationen und die Kollektorfelder auf den Dächern.

2.5 Anlagenfinanzierung

Im Vergleich zu einer konventionell errichteten Wärmeversorgung fallen für eine solar unterstützte Nahwärmeversorgung höhere Investitionskosten an. Die jährlichen Betriebskosten sind jedoch aufgrund der Einsparungen durch die Solaranlage geringer. Je nach Rahmenbedingungen (Zinssatz, Wartungsaufwand, Lebensdauer usw.) läßt sich ein Wärmepreis errechnen. Bei den bisher realisierten Anlagen beträgt der Wärmepreis für solar unterstützte Nahwärmeanlagen mit Kurzzeit-Wärmespeicher 15 bis 30 Pf/kWh. Bei Anlagen mit Langzeit-Wärmespeicher liegt der solare Wärmepreis mit 30 bis 40 Pf/kWh deutlich höher. Eine konventionelle Wärmeversorgung mit Gas oder Öl hat einen Wärmepreis von 8 bis 12 Pf/kWh. Solange die Kosten für fossile Brennstoffe so niedrig bleiben, fällt der Differenzbetrag als Mehrkosten an. Damit die solar unterstützte Nahwärmeversorgung trotzdem realisiert werden kann, müssen die Mehrkosten auf möglichst alle Beteiligte umgelegt werden. Die Finanzierung kann erfolgen über:

- Bauträger/Bauherren über Baukostenzuschuß für Nahwärme- und Solaranlage,
- Anlagenbetreiber mit Eigenbeteiligung,
- Stadt/Gemeinde und Bundesland über Zuschüsse,
- Fördermittel des BMBF aus dem Programm Solarthermie-2000 (für ausgewählte Anlagen),
- zinsvergünstigte Kredite.

Baukostenzuschuß

Gibt es einen separaten Betreiber, sparen die Bauherren die Investitionskosten für ein eigenes Wärmeerzeugungssystem. Dafür werden sie an den Kosten für das Nahwärmesystem über einen sogenannten Baukostenzuschuß beteiligt. Dieser Baukostenzuschuß ist in der AVB Fernwärme geregelt und umfaßt folgende Kosten:

- 100 % der Kosten für Hausübergabestationen und Hausanschlußleitungen,
- 70 % der Kosten für das Wärmeverteilnetz.

Die Bewohner und Eigentümer der Gebäude profitieren von der solaren Versorgung, da diese zukunftsorientierte Wärmeversorgung unabhängig ist von steigenden Energiepreisen fossiler Energieträger. Außerdem tragen sie zur Vermeidung von Umweltbelastungen durch Luftverschmutzung und Treibhauseffekt bei. Daher sollte auch für die Komponenten des Solarsystems (Wärmespeicher und Sonnenkollektoren) ein Baukostenzuschuß entrichtet werden. Dieser Zuschuß lag bei bisher realisierten Projekten in einer Größenordnung von 2000 bis 4000 DM je Wohneinheit.

Fördermittel und sonstige Zuschüsse

Das BMBF fördert im Programm Solarthermie-2000 die Errichtung von solaren Nahwärmesystemen mit und ohne Langzeit-Wärmespeicher. Gefördert werden in der Regel etwa 50 % der förderfähigen Kosten. Die Abwicklung der Antragstellung etc. erfolgt über den Projektträger BEO in Jülich. Die Voraussetzungen sind für das:

Teilprogramm 2 (Solaranlagen mit Kurzzeit-Wärmespeicher)

- System mit über 100 m² Kollektorfläche,
- Warmwasserbedarf größer als 7 m³ pro Tag,
- solarer Wärmepreis unter 25 Pf/kWh (Annuität: 8,72 %),
- öffentlicher Zuwendungsempfänger.

Teilprogramm 3 (Solaranlagen mit Langzeit-Wärmespeicher)

- solarer Deckungsanteil über 50 %,
- solarer Wärmepreis von 30 Pf/kWh angestrebt,
- innovatives Konzept zur Langzeit-Wärmespeicherung.

In den einzelnen Bundesländern gibt es eine Vielzahl von unterschiedlichen Förderprogrammen. Eine aktuelle Übersicht findet sich z. B. im Internet unter <www.solarserver.de> oder in der Förderfibel Energie /6/ und der Datenbank FISKUS /7/.

Wenn die Solaranlage Eigentum des Bauherren ist, können die Kollektoren als Teil des Gebäudes über günstige Baukredite finanziert werden. Wer seinen Privathaushalt mit einer Solaranlage ausrüstet, kann Mehrkosten über besonders vergünstigte Kredite der Deutschen Ausgleichsbank (DtA /8/) finanzieren. Dabei werden Darlehen bis zu 100 % der Investitionskosten zu günstigen Konditionen vergeben (z. B. 3,7 % p.a, Laufzeit 6 Jahre, Stand März 1998).

Im Rahmen der Wohneigentumsförderung kann eine Ökozulage für Solaranlagen, die bis zum 31.12.2000 errichtet sind, in Anspruch genommen werden. Ein Antrag ist beim zuständigen Finanzamt zu stellen, es wird eine Förderung von 500 DM/a über einen Zeitraum von 8 Jahren gewährt.

Das Programm der Kreditanstalt für Wiederaufbau (KfW) zur CO_2-Minderung /9/ fördert die Errichtung von solaren Nahwärmesystemen im Bestand. Gefördert werden die Solaranlage und die unmittelbar durch die Nahwärmeversorgung veranlaßten Maßnahmen. Es wird ein zinsvergünstigtes Darlehen (z. B. 4,8 % p.a., Laufzeit 10 Jahre, Stand Februar 1998) bis zu einem Höchstbetrag von 300 DM/m² Wohnfläche gewährt.

3 Projektsteuerung

Im allgemeinen existieren für eine Planungsaufgabe mehrere Lösungsansätze, die verglichen und bewertet werden müssen. Eindeutige Kriterien zur Bewertung gibt es nicht, so daß je nach Standpunkt bzw. je nach Gewichtung der verschiedenen Kriterien auch unterschiedliche Ergebnisse zustandekommen können. Anhaltspunkte für die Bewertung eines Wärmeversorgungskonzeptes können der Wärmebedarf, der Brennstoffbedarf, die CO_2-Emissionen, die Wärmekosten oder andere wirtschaftliche oder ökologische Kriterien sein.

Die nachfolgend beschriebenen Arbeitsabläufe beziehen sich auf die Planung einer solar unterstützten Nahwärmeversorgung. Neben der zeitlichen Abfolge der notwendigen Maßnahmen zur Planung werden auch die projektbegleitenden Maßnahmen zur erfolgreichen Realisierung beschrieben.

3.1 Projektablauf

In enger zeitlicher Abhängigkeit von der Bebauung eines Gebietes müssen die Anlagen zur technischen Gebäudeausrüstung konzipiert, geplant und installiert werden. Unter dem Begriff Anlagen werden hier auch Räume bzw. Gebäude zur Unterbringung der maschinentechnischen Komponenten verstanden. Dies führt dazu, daß bereits im Bebauungsplan Standorte und Abmessungen einer Heizzentrale bzw. eines Wärmespeichers berücksichtigt werden müssen. Eine optimale Auslegung, verbunden mit einem späteren effizienten Betrieb, beginnt folglich bereits bei der Festsetzung eines Bebauungsplanes bzw. der exakten Kenntnis des Wärmebedarfs einer Siedlung. Veränderungen (z. B. im Versorgungsumfang) haben Auswirkungen auf die Planung. Frühzeitige, gemeinsame Besprechungen aller am Projekt beteiligten Personen sind notwendig, um auf eventuelle Änderungen reagieren zu können und deren Einfluß auf andere Bereiche abzuschätzen.

3.2 Grobstruktur zur Projektabwicklung

Eine Grobstrukturierung der Arbeitsschritte (Tab. 3.1) soll im wesentlichen anhand der Planungsphasen nach der Honorarordnung für Architekten und Ingenieure (HOAI) Teil IX (Leistungen bei der Technischen Ausrüstung, § 68 bis § 76) erfolgen. Andere Teile der HOAI müssen ebenfalls berücksichtigt werden (Tragwerksplanung und Leistungen für Erd- und Grundbau bei der Errichtung von Langzeit-Wärmespeichern, vermessungstechnische Leistungen, etc.). Das Honorar richtet sich nach den Anlagenkosten, nach der Honorarzone, der die Anlagen angehören, und nach der Honorartafel. Die Honorare bemessen sich meist nach Honorarzone 3, da es sich gegenwärtig noch um Anlagen mit hohen Planungsanforderungen handelt. Manche Gewerke (Nahwärmenetz, Heizzentrale etc.) können jedoch der Honorarzone 2 zugeordnet werden. Die einzelnen Leistungen werden in Hundertstel des Grundhonorars nach dem in Tab. 3.1 angegebenen Leistungsbild bewertet. Die Höhe des Honorars darf nicht in Korrelation mit dem zeitlichen Arbeitsaufwand innerhalb eines Planungsschrittes gesetzt werden. Soll dies erfolgen, müssen Nebenabreden getroffen werden.

Tab. 3.1:   Grobstrukturierung der Arbeitsschritte, Leistungsphasen, -bewertung und Arbeitsinhalte in Anlehnung an die HOAI (erste Spalte: Buchkapitel)

4.2	**Grundlagenermittlung** 3 % Honorar	**Zusammenstellen der Grundlagen zur Lösung der technischen Aufgabe.** Hierzu ist der Wärmebedarf der Versorgungsobjekte zu ermitteln sowie die notwendigen Kollektorflächen und das benötigte Wärmespeichervolumen abzuschätzen. Eine Bodenuntersuchung beantwortet die Frage nach dem möglichen Speichertyp.
4.3	**Vorplanung** (Projekt- und Planungsvorbereitung) 11 % Honorar	**Erarbeiten der wesentlichen Teile einer Lösung der Planungsaufgabe.** Bei dieser Aufgabe müssen wichtige Anlagenteile der Systemlösung überschlägig dimensioniert und in einem Funktionsschema dargestellt werden. Zur Grobdimensionierung ist eine Simulation des Systems notwendig. Eine Kostenschätzung und eine Wirtschaftlichkeitsvorbetrachtung einschließlich einer Untersuchung alternativer Lösungsansätze ist durchzuführen, mit dem Ziel, eine Empfehlung für die Umsetzung auszusprechen.
4.4	**Entwurfsplanung** (System und Integrationsplanung) 15 % Honorar	**Erarbeiten der endgültigen Lösung der Planungsaufgabe.** Das Planungskonzept muß unter Berücksichtigung aller Anforderungen sowie unter Beachtung des aktuellen technischen Kenntnisstandes vollständig durchgearbeitet werden. Es müssen alle Anlagenteile berechnet und bemessen werden, eine Anlagenbeschreibung mit zeichnerischer Darstellung ist anzufertigen. Bei der Kostenberechnung (durch den Auftraggeber) ist mitzuwirken.
4.5	**Genehmigungsplanung** 6 % Honorar	**Erarbeiten der Vorlagen für die erforderlichen Genehmigungen** nach den geltenden Vorschriften. Dazu müssen gegebenenfalls die Planungsunterlagen vervollständigt und angepaßt werden.
4.6	**Ausführungsplanung** 18 % Honorar	**Erarbeiten und Darstellen der ausführungsreifen Planungslösung** einschließlich der Details. Es müssen insbesondere die Schnittstellen mit anderen Planungsaufgaben abgestimmt werden.
4.7	**Vergabe** (Vorbereitung und Mitwirkung) 6 % + 5 % Honorar	**Ermitteln der Bauteile und Mengen. Aufstellen der Leistungsverzeichnisse. Prüfen und Werten der Angebote** bis zur Erarbeitung eines Vergabevorschlages.
4.8	**Objektüberwachung** (Bauüberwachung) 33 % Honorar	**Überwachen der Ausführung des Objektes.** Es muß auf Übereinstimmung mit den Genehmigungen, den Ausführungsplänen und Leistungsbeschreibungen geachtet werden. Allgemein anerkannte Regeln der Technik und einschlägige Vorschriften sind einzuhalten. Ebenso ist auf Einhaltung des Zeitplanes zu achten. Die Inbetriebnahme mit fachtechnischer Abnahme der Leistungen, die Überwachung der Beseitigung der Mängel in der Ausführung, sowie die Rechnungsprüfung und Kostenkontrolle sind weitere Arbeitspunkte.
4.9	**Objektbetreuung und Dokumentation** 3 % Honorar	**Überwachen der Beseitigung der Mängel im Anlagenbetrieb vor Ablauf von Verjährungsfristen und Dokumentation des Gesamtergebnisses.** Ein Monitoring des Gesamtsystems hilft bei der Fehlererkennung, der Langzeitüberwachung und der Systemoptimierung.

Die komplexen Zusammenhänge innerhalb des Gesamtsystems und der Einfluß unterschiedlicher Parameter auf den Betrieb einer solar unterstützten Nahwärmeversorgung können im Vorfeld meist nur durch eine dynamische Systemsimulation berücksichtigt werden. Dies erfordert eine in Simulationsrechnungen zur solaren Nahwärmeversorgung erfahrene Institution, die die Vorplanung zumindest begleitet und unterstützt.

3.3 Allgemeine Empfehlungen zur Projektabwicklung

• Generell ist die frühzeitige Einbeziehung aller an der Planungsaufgabe beteiligten Personen anzuraten. Für einen reibungslosen und erfolgreichen Betrieb einer solar unterstützten Nahwärmeversorgung müssen alle Komponenten, insbesondere die Heizungsanlagen in den Häusern, die Hausübergabestationen, die konventionelle Kesselanlage und die Solaranlage, aufeinander abgestimmt sein. Die Regelung des Gesamtsystems hat wesentlichen Einfluß auf einen wirtschaftlichen Betrieb. Zu empfehlen ist deshalb die gemeinsame Vergabe aller Planungsleistungen, mindestens jedoch die gemeinsame Planung von Solar- und Nahwärmesystem. Kritische Schnittstellen sind:

  • Hausübergabestationen, d. h. die Anforderungen an die Heizungsanlage im Haus müssen zwischen den diversen Planern (Haustechnik - Wärmeverteilnetz) abgestimmt werden. Höhere Rücklauftemperaturen führen zu niedrigeren Solarerträgen.

  • Befestigung und Verrohrung der einzelnen Kollektorflächen. Hierbei müssen der Architekt und der Planer der Solaranlage eng zusammenarbeiten.

  • Kesselkreisregelung und regelungstechnische Abstimmung auf die Solaranlage.

• Die Schnittstellen zwischen unterschiedlichen Gewerken müssen klar definiert werden und die Planung ist aufeinander abzustimmen.

• Generell gilt: So einfach wie möglich. Aufwendige Regelstrategien sind fehleranfällig und sollten nur bei Nachweis eines Nutzens in möglichst einfacher Form implementiert werden.

• Eine Optimierung des Betriebs kann durch eine ständige Datenerfassung (Monitoring) vereinfacht werden, eine Langzeitüberwachung gibt Einblick in Veränderungen während der Betriebszeit.

4 Projektabwicklung

Dieses Kapitel beschreibt den vollständigen Planungs- und Projektablauf entsprechend der in der HOAI vorgesehenen Gliederung. Diese ist in Tab. 3.1 als Übersicht dargestellt. Im folgenden werden besonders die Planungsaufgaben erläutert, die für eine solar unterstützte Nahwärmeversorgung zusätzlich oder in anderer Weise als bei konventioneller Wärmeversorgung zu bearbeiten sind.

Jedes Kapitel kann eigenständig gelesen werden, so daß gezielt für die entsprechend der HOAI abzuarbeitende Planungsphase nachgeschlagen werden kann. Dieses Prinzip führt dazu, daß manche Aspekte mehrmals abgehandelt werden, doch jeweils unter den Gesichtspunkten der entsprechenden Planungsschritten.

4.1 Projektbeteiligte

Für die meisten Betreiber wird eine solar unterstützte Nahwärmeversorgung ein Erstprojekt sein. Eigene Erfahrungen liegen nicht vor. Um Fehler zu vermeiden, ist eine gute Beratung durch eine erfahrene Institution (Planer, Energieversorger etc.) dringend erforderlich. Die Projektsteuerung erfordert sehr viel Engagement, Zeit und oft Überzeugungsarbeit. Weiterhin gibt es viele Projektbeteiligte (Abb. 4.1), die frühzeitig informiert und in die Besonderheiten eines Solarprojektes eingewiesen werden müssen.

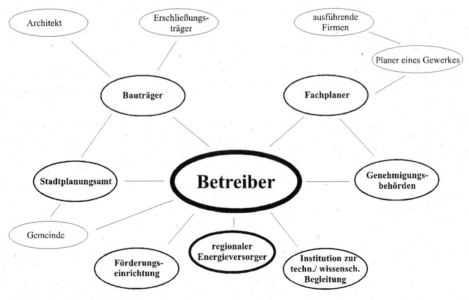

Abb. 4.1: Projektbeteiligte

Die bereits durchgeführten Projekte haben gezeigt, daß eine umfassende Planung und eine frühzeitige Zusammenarbeit aller beteiligten Gewerke, von den Betreibern (oft der regionale Energieversorger), den Stadtplanern, den Bauträgern, über die Architekten bis hin zu den Planern der thermischen Energieanlagen und den ausführenden Firmen unbedingt erforderlich ist und nicht oft genug betont werden kann. Die einzelnen Schnittstellen zwischen den jeweiligen Projektbeteiligten müssen genau definiert werden, um ein reibungsloses Zusammenwirken zu garantieren. Ein Protokoll über die Absprachen vermeidet manch lange Diskussion. Die Beteiligten müssen sich als Partner verstehen, die erfolgreich ein gemeinsames Ziel erreichen wollen.

4.2 Grundlagenermittlung

Zur Ermittlung der Grundlagen muß zunächst der Umfang der zu versorgenden Objekte, also das Baugebiet, detailliert erfaßt werden. Danach sind der Wärmebedarf zu berechnen sowie projektspezifische Randbedingungen festzulegen. Eine erste, vorläufige Dimensionierung der wichtigsten Komponenten, verbunden mit einer Schätzung der Investitionskosten, bildet den Abschluß der Grundlagenermittlung.

4.2.1 Grundlagenermittlung für das Baugebiet

Klimadaten

Klimatische Bedingungen, wie Umgebungstemperatur und solare Einstrahlung, hängen vom Standort des Baugebietes ab. Sie haben direkten Einfluß auf den Wärmebedarf der zu versorgenden Objekte. Als charakteristische Größe kann auf die Gradtagzahl für die Heizzeit entsprechend VDI 2067 zurückgegriffen werden. Die Gradtagzahl ist kein alleiniger Kennwert für den Wärmeverbrauch. Einflüsse wie z. B. der Wärmedämmstandard, das Benutzerverhalten, die Sonneneinstrahlung und die Windverhältnisse sind ebenfalls zu berücksichtigen.

Die Strahlungsdaten der Testreferenzjahre (TRY) /10/ wurden wie die Gradtagzahl aus Messungen gewonnen. Die Strahlungsdaten stehen zusammen mit anderen klimarelevanten Daten für zwölf Referenzregionen in Deutschland als Datei zur Verfügung. Mit diesen, in stündlicher Auflösung vorliegenden Referenzwetterdaten können auch dynamische Berechnungen durchgeführt werden.

Bebauungsplan

Die meist schon vorliegenden Entwürfe zur Bebauung müssen zunächst auf ihre Eignung für ein solar unterstütztes Nahwärmesystem geprüft werden. Es muß ein möglichst hoher Grad an „Solarisierung" der Gebäude vorliegen und ein Gebiet zum Bau des Wärmespeichers ausgewiesen sein. Die Aufnahme der Gebäudedaten umfaßt daher auch eine Beratung zur Gestaltung bzw. eine (weitere) Optimierung der Gebäude.

Anhand des Bebauungsplanes und, falls vorhanden, der einzelnen Hausentwürfe ist eine Liste der zu versorgenden Objekte, gegebenenfalls mit Angabe der zeitlichen Realisierung, aufzustellen. Grundlage hierfür sind Pläne, aus denen die Lage der Gebäude mit Orientierung, die Benutzungsarten und, falls zu diesem Zeitpunkt schon detailliert, die Grundrisse und die Höhen der Räume, die Aufbauten der Wände, Decken, Fenster und Türen hervorgehen. Zu erfassen sind die in Tab. 4.1 angegebenen Kenngrößen. Sind noch keine genauen Hausentwürfe vorhanden, erfolgt die Ermittlung der Daten auf Basis des Bebauungsplans oder eines städtebaulichen Entwurfs. Es muß dann mit Richtwerten gearbeitet werden (Tab. 4.2).

Tab. 4.1:   Angaben über die zu versorgenden Objekte im Baugebiet

Kenngröße	Unterteilung	Grundlage für
Anzahl der Wohneinheiten	2-, 3-, 4-Zimmerwohnung	⇒ Anzahl der Bewohner
Haustyp	Einfamilien-, Reihen-, Doppel-, Mehrfamilienhaus, etc.	
Art der Nutzung	Wohnen, Gewerbe, Kindergarten, Altenheim, etc.	⇒ Heizwärmebedarf
Wärmedämmstandard	nach WSVO 95 oder besser	
Wohn-/Nutzfläche		
Anzahl der Bewohner und Nutzungsart		⇒ Berechnung des Warmwasserbedarfs
Orientierung und Neigung der Dachfläche		⇒ Beurteilung und Ermittlung der mögl.
Abmessung der Dachfläche		Kollektorfläche

Weiterhin sind in den Bebauungsplan die vorgesehene Lage der Heizzentrale, eines eventuellen Langzeit-Wärmespeichers und des Solar- und Wärmeverteilnetzes einzuzeichnen. Die zeitliche Entwicklung des Baugebietes, d. h. der geplante Baufortschritt, bestimmt dabei wesentlich auch die Konzeption der solar unterstützten Nahwärmeversorgung.

Bei der Suche nach einem geeigneten Standort für die Heizzentrale ist eine zentrale Lage anzustreben, die ein kurzes Wärmeverteil- und Solarnetz ermöglicht. Kollektorfelder sollten auf günstig orientierten Gebäuden nahe der Heizzentrale untergebracht werden. Der Wärmespeicher sollte ebenfalls in unmittelbarer Nähe zur Heizzentrale liegen, um die Wärmeverluste der Verbindungsleitungen gering zu halten.

Für den Bau eines Langzeit-Wärmespeichers muß die Bodenbeschaffenheit bekannt sein. Eine Baugrunduntersuchung gibt üblicherweise nur Aufschluß über die oberflächennahen Schichten. Diese Kenntnisse genügen meist für die Errichtung eines Heißwasser-Wärmespeichers, nicht jedoch für die Wärmespeicherung im Erdreich. Hier ist mindestens eine Probebohrung durchzuführen, um die geologische Schichtenabfolge und die Höhe des Grundwasserstandes zu bestimmen. Aufgrund der Untersuchungsergebnisse kann dann eine Vorentscheidung gefällt werden, welcher Speichertyp eingesetzt werden kann. Für die Wärmespeicherung im Untergrund sind weitere geologische und hydrogeologische Parameter zu bestimmen.

4.2.2 Wärmeleistung und Wärmebedarf

Anders als bei konventionellen Heizsystemen, die mit Öl, Gas oder elektrischem Strom betrieben werden, hängt bei einer solar unterstützten Wärmeversorgung sowohl der Wirkungsgrad als auch die Wirtschaftlichkeit in hohem Maße davon ab, in welchem Verhältnis die genutzte Solarenergie zum Energiebedarf für Raumheizung und Warmwasserbereitung steht. Für konventionelle Systeme genügt es, die jährlichen Wärmelasten abzuschätzen, um die Heizanlage zu dimensionieren. Im Gegensatz dazu wird für eine optimale Auslegung von Solaranlagen das Verhältnis von Wärmeangebot und Wärmebedarf mindestens für jeden Monat benötigt. Der Wärmebedarf ist hierbei die im Betrachtungszeitraum anfallende Wärmemenge. Für die Ermittlung der benötigten Wärmeleistung und des Wärmebedarfs können Simulationsprogramme (z. B. TRNSYS /11/) eingesetzt werden. Anhand der Berechnungsergebnisse ist es möglich, Systemvergleiche durchzuführen und Varianten energetisch zu bewerten. Mittels dieser Berechnungen kann der Wärmebedarf des Baugebietes absolut und in zeitlichem Verlauf angegeben werden.

Der Wärmebedarf ab Heizzentrale ergibt sich aus dem berechneten Gesamtwärmebedarf der Gebäude (für Heizung und Warmwasser) zuzüglich der Wärmeverluste des Nahwärmenetzes. Diese können in erster Näherung mit 10 % des Wärmebedarfs der Gebäude angesetzt werden.

Heizleistung und Heizwärmebedarf

Der Heizwärmebedarf eines Gebäudes setzt sich aus Transmissionswärmeverlusten durch die Gebäudehülle, Lüftungswärmeverlusten, internen sowie passiv-solaren Wärmegewinnen zusammen.

Bei unseren Klimabedingungen muß an mehr als 200 Tagen im Jahr geheizt werden. Es existieren viele Faktoren, die den Wärmebedarf eines Gebäudes bestimmen. Beispielhaft seien hier die geographische Lage, die architektonische Ausbildung, die Orientierung, die Qualität der Bauausführung und die Gewohnheiten der Bewohner aufgelistet. Es wurden verschiedene Berechnungsmethoden zur Ermittlung des Heizwärmebedarfs entwickelt, die alle auf Modellen mit unterschiedlichen Detaillierungsgraden beruhen. Nachfolgend sind einige Verfahren hierzu angegeben:

- Die DIN 4701, Teil 1 liefert ein Berechnungsverfahren zur Bestimmung der Raumheizlast (maximale Heizleistung). Bei dieser Berechnung ist die Heizlast eine Gebäudeeigenschaft, die Art der Beheizung hat somit keinen Einfluß.

- Das Berechnungsverfahren der schon erwähnten VDI-Richtlinie 2067 baut auf dem Ergebnis der DIN 4701 auf und erlaubt eine Berechnung des Jahresheizwärmebedarfs.

- Die Wärmeschutzverordnung 1995 (WSVO 95) limitiert den Heizwärmebedarf eines Gebäudes. Der einzuhaltende Grenzwert wird in Abhängigkeit vom A/V-Verhältnis (Verhältnis der wärmeübertragenden Umfassungsfläche A zum hiervon eingeschlossenen Bauwerksvolumen V) des betrachteten Gebäudes bestimmt. Die Berechnungen für den Wärmeschutznachweis können zur groben Bestimmung des Heizwärmebedarfs herangezogen werden.

- Die DIN EN 832 beinhaltet eine Berechnungsmethode zur Bestimmung des jährlichen Wärmebedarfs für die Raumheizung und Warmwasserbereitung. Die Methode basiert auf monatlichen Bilanzperioden und soll primär für Wohngebäude angewandt werden.

- Abschätzung mit Kennzahlen, die auf Erfahrungswerten oder statistischen Ermittlungen beruhen.

- Vorgabe von Zielwerten, z.B. 30 % unter WSVO 95, für das Baugebiet. Die Einhaltung der Zielwerte muß kontrolliert werden, wobei das Berechnungsverfahren zur Überprüfung der Zielwerte im Voraus detailliert festgelegt werden muß.

Richtwerte für die Grundlagenermittlung sind in Tab. 4.2 zusammengestellt.

Tab. 4.2:   Richtwerte zur Ermittlung der Grunddaten bei Neubauobjekten

Objekttyp	Einheit	MFH	RH	EFH, DHH
Wohnfläche pro WE	m²/WE	65-100	110-115	115-140
durchschnittliche Wohnfläche	m²/WE	75	110	130
mittlere Personenbelegung pro WE	Pers./WE	2-2,5	2,5-3,5	3-4
A/V-Verhältnis	1/m	0,45-0,55	0,6-0,75	0,85-1,05
Heizwärmebedarf nach WSVO [1]	kWh/(m²a)	85-105	90-120	110-140
Heizwärmebedarf nach WSVO-30 %	kWh/(m²a)	60-75	65-85	80-100
Heizleistung bei WSVO	W/m²	40-50	45-60	50-70
Heizleistung bei WSVO-30 %	W/m²	33-43	38-52	42-60

[1] Hinweis: Die in der WSVO 95 benutzte Bezugsfläche A_N (Nutzfläche) liegt in der Regel um 15-20 % über der tatsächlichen Wohnfläche, auf die hier bezogen wird. Dementsprechend sind die auf die Wohnfläche bezogenen Heizkennzahlen größer als die nach WSVO 95 ermittelten.

Weitere energierelevante Gebäudedaten für Neubauten (A/V-Verhältnisse, üblicherweise eingesetzte Materialien, etc.) können aus /12/ entnommen werden. Viele Erfahrungswerte von überwiegend in Deutschland ausgeführten Projekten sind in /13/ aufgeführt.

Für die hausinternen Verluste bei der Heizwärmeverteilung können etwa 4 % angesetzt werden.

Wärmeleistung und Wärmebedarf zur Warmwasserbereitung

Die kurzzeitig auftretende Wärmeleistung für die Erwärmung des Brauchwassers kann ein Vielfaches der zur Raumheizung benötigten Wärmeleistung betragen. Sie ist jedoch stark abhängig von der Anzahl der Wohnungen und dem eingesetzten System bei der Wärmeübergabe in den Gebäuden. Meist muß ein Gleichzeitigkeitsfaktor berücksichtigt werden, da nicht an allen Zapfstellen zeitgleich Nachfrage nach Warmwasser besteht. Weiterhin wird die erforderliche Wärmeleistung durch den Einsatz eines Pufferspeichers (in den Häusern oder in der Heizzentrale) deutlich reduziert. Ist die Anzahl und Art der Warmwasserzapfstellen bekannt, kann die Berechnung und Dimensionierung der Wassererwärmer über die sogenannte Leistungskennzahl N_L erfolgen (DIN 4708 Teil 3).

Der Wärmebedarf zur Warmwasserbereitung ist im Vergleich zum Heizwärmebedarf geringer, steigt jedoch prozentual mit zunehmendem Wärmedämmstandard an.

Die Solltemperatur bzw. der Wärmebedarf zur Warmwasserbereitung sind wichtige und oft unbekannte Parameter. Die tatsächliche Wärmelast zur Warmwasserbereitung und ihre tageszeitliche Verteilung hängen in hohem Maße von den Gewohnheiten der Bewohner ab. Als Faustregel für die Auslegung kann man eine Brauchwassertemperatur von 45 °C zugrunde legen und, je nach Komfortansprüchen, von 30 bis 60 l pro Person und Tag bei 45 °C ausgehen (VDI 2067 Blatt 4). Dies ergibt einen mittleren Wärmebedarf von 670 kWh pro Person und Jahr. Unter Berücksichtigung von 25 bis 30 % Speicher- und Zirkulationsverlusten erhält man einen Wärmebedarf von rund 855 kWh pro Person und Jahr. Zusätzliche Warmwasserverbraucher wie Spülmaschine und Waschmaschine (soweit sie dafür eingerichtet sind) sollten an das Warmwassernetz angeschlossen werden, da die benötigte Wärme hierbei rationeller erzeugt wird. Bei bestehenden Gebäuden sollte der tatsächliche Warmwasserbedarf und das tägliche Verbrauchsprofil gemessen und berücksichtigt werden. In der VDI 3807 Blatt 1 wird eine Berechnungsgrundlage angegeben, um Energieverbrauchskennwerte zu ermitteln, mit denen eine vergleichende Bewertung möglich ist. Bei Großverbrauchern (z. B. Gewerbe, Hotels, Altenwohnheime, Krankenhäuser, etc.) bestimmt die Nutzung sehr stark den Wärmebedarf zur Warmwasserbereitung.

Kesselleistung

Die Dimensionierung der Kesselleistung ist abhängig vom gewählten Wärmeversorgungssystem und der Einbindung des Kessels. Nutzt der Heizkessel einen Wärmespeicher, hat man grundsätzlich zwei Möglichkeiten zur Wahl: Entweder einen Kessel mit geringer Wärmeleistung und entsprechend großem Wärmespeicher oder einen Heizkessel mit hoher Wärmeleistung verbunden mit einem kleinen Wärmespeicher. Die Bemessung der Leistung von Wärmeerzeugern ist in der VDI 3815 festgelegt. Eine genaue Dimensionierung der Heizkessel ist durch Systemsimulationen möglich.

4.2.3 Grobdimensionierung der Komponenten

Für die Auslegung der Solaranlage und des Wärmespeichers sind grundsätzlich neben den klimatischen Verhältnissen vor allem die Größe des Wärmebedarfs und dessen tages-, monats- und jahreszeitlicher Verlauf von Bedeutung.

Je nach angestrebtem solaren Deckungsanteil der Wärmeversorgung erhält man eine jährliche Netto-Wärmemenge, die von der Solaranlage zu decken ist. Anhand der in Tab. 4.3 angegebenen Richtwerte kann eine erste grobe Dimensionierung der Anlage erfolgen.

Tab. 4.3: Anhaltswerte zur Grobdimensionierung einer solar unterstützten Nahwärmeversorgung mit Kurzzeit- oder Langzeit-Wärmespeicher

Anlagentyp	Solare Nahwärme mit Kurzzeit-Wärmespeicher	Solare Nahwärme mit Langzeit-Wärmespeicher
Mindestanlagengröße	ab 30 bis 40 WE oder ab 60 Personen	ab 100 bis 150 WE (je 70 m²)
Kollektorfläche (FK: Flachkollektor)	0,8 - 1,2 m²$_{FK}$ pro Person	1,4 - 2,4 m²$_{FK}$ pro MWh jährl. Wärmebedarf 0,14 bis 0,2 m²$_{FK}$ pro m² Wohnfläche
Speichervolumen (Wasseräquivalent)	0,05 - 0,1 m³/m²$_{FK}$	1,5 - 4 m³/MWh 1,4 - 2,1 m³/m²$_{FK}$
Solare Nutzenergie	350 - 500 kWh/(m²$_{Fk}$a)	230 - 350 kWh/(m²$_{Fk}$a)
Solarer Deckungsanteil	Brauchwassererwärmung 50 %, gesamt: 10 - 20 %	gesamt: 40 - 70 %

Hinweise zur Berechnung und Auslegung von Komponenten von Heizungsanlagen können z. B. /14/ entnommen werden.

4.2.4 Grundlegende Randbedingungen

Der Einsatz eines Wärmeverteilsystems auf niedrigem Temperaturniveau ist Voraussetzung für den sinnvollen Einsatz von Sonnenenergie. Eine Auslegung des Heizsystems auf 70 °C Vorlauftemperatur und 40 °C Rücklauftemperatur (70/40 °C) ist als Standard bei der Wärmeverteilung anzusehen. Für einen hohen Solarertrag günstiger sind Auslegungen mit 60/30 °C oder der Einsatz von Fußbodenheizungen, die z. B. eine Auslegung von 40/25 °C erlauben.

Die Grundlagenermittlung erfordert die Auswahl (zumindest die Vorauswahl) des Speichertyps und die Zuweisung eines Bauplatzes für den Langzeit-Wärmespeicher. Es müssen Absprachen über die maximal mögliche Erhöhung über Geländeniveau, bzw. über die Integration des Langzeit-Wärmespeichers in die Gebäudeplanung erfolgen.

Ferner müssen erste Kontakte mit den entsprechenden Genehmigungsbehörden (für Kollektoranlage und Wärmespeicher) aufgenommen werden, die auch im Laufe der weiteren Projektarbeit mit Informationen versorgt werden müssen.

4.2.5 Erste Kostenschätzung

Für die Errichtung des Solaranlagenteils einer solar unterstützten Nahwärmeversorgung mit Kurzzeit-Wärmespeicher entstehen zusätzliche Investitionskosten von 30 bis 40 DM pro m² Wohnfläche.

Bei einer solar unterstützten Nahwärmeversorgung mit Langzeit-Wärmespeicher muß mit Gesamtinvestitionskosten von 200 bis 300 DM/m² Wohnfläche, bzw. mit 12000 bis 25000 DM pro Wohneinheit (ohne Förderung) gerechnet werden. Bei Sanierungsmaßnahmen sind die Kosten in der Regel deutlich höher anzusetzen.

4.3 Vorplanung

Ziel der Vorplanung ist es, das Anlagenkonzept unter Einbeziehung der technischen und wirtschaftlichen Rahmenbedingungen sowie der lokalen Gegebenheiten festzulegen. Aufgrund der Komplexität eines solaren Nahwärmesystems und der variierenden Randbedingungen (Wärmebedarf und -angebot) sollten zu dieser Entscheidungsfindung detaillierte Simulationsrechnungen durchgeführt werden. Die Startwerte für diese Simulationen liefert die bei der Grundlagenermittlung vorgenommene Grobdimensionierung der Anlagenkomponenten.

4.3.1 Auswahl des Anlagenkonzeptes

Die Einbindung der Solaranlage in die konventionelle Wärmeerzeugung kann auf sehr unterschiedliche Weise erfolgen. Die Ausführung hängt ab von der Anlagengröße, dem verwendeten Netzkonzept und dem Vorhandensein eines Langzeit-Wärmespeichers. Im folgenden werden die unterschiedlichen Konzepte für das Nahwärmenetz, die Kollektoranlage und einen möglichen Langzeit-Wärmespeicher erläutert.

4.3.1.1 Anlagenkonzepte für Nahwärmenetz und konventionelle Wärmeversorgung

Trassenplan und Lage der Heizzentrale

Die im Rahmen der Grundlagenermittlung vorgenommene Trassierung des Nahwärmenetzes muß verfeinert, sowie der Standort für die Heizzentrale endgültig festgelegt werden. Hinsichtlich der Wärmeverluste des Netzes ist eine möglichst zentrale Lage der Heizzentrale im Versorgungsgebiet vorteilhaft. Weitere Gesichtspunkte sind die Nähe zu einem eventuell vorhandenen Langzeit-Wärmespeicher, die Anbindung an eine bestehende oder geplante Infrastruktur (Gas-, Wassernetz, Stromversorgung, Zufahrtsmöglichkeiten bei Versorgung mit regenerativen Brennstoffen). Für die Baukosten der Heizzentrale gilt, daß Anbauten an bestehende Gebäude oder die Unterbringung in Kellergeschossen, verglichen mit freistehenden Gebäuden, meist kostengünstigere Lösungen sind.

Liegen die Standorte und die Größen für die Heizzentrale und den Wärmespeicher fest, ist die Trasse für die Wärmeverteilung und das Solarnetz zu planen. Kurze (die Trassenlänge bestimmt die Wärmeverluste), hydraulisch einfache Netze sind vorteilhaft. Die Nenndurchmesser der Wärmeverteil- und -sammelleitungen sind anhand des Wärmeleistungsbedarfs der Gebäude sowie der einzelnen Kollektorflächen zu dimensionieren. Eine kostengünstige Trassenplanung kann dadurch erreicht werden, daß die Leitungen innerhalb der Gebäude (Keller und Tiefgaragen) verlaufen. Beim Trassenverlauf im Erdreich sind die Wegerechte zu berücksichtigen; beim Verlauf innerhalb von Gebäuden ist vor allem auf die Einhaltung der Brandschutzbestimmungen zu achten.

Auswahl des Nahwärmenetzes

Hinsichtlich des Aufbaus und der Funktionsweise können drei Arten von Nahwärmenetzen unterschieden werden:

- Für größere Nahwärmesysteme sollte immer eine dezentrale Brauchwassererwärmung gewählt werden. Diese erfolgt mit Speicherladestationen bzw. in Ein- oder Zweifamilienhäusern alternativ auch mit sogenannten Kompaktübergabestationen, in denen das Brauchwasser im Durchflußverfahren erwärmt wird. Bei diesem Anlagentyp handelt es sich um ein sogenanntes 2-Leiter-Netz. Ist eine Solaranlage mit einem oder mehreren Kollektorfeldern vorhanden, kommen noch die Leitungen für den Solarvor- und -rücklauf hinzu (2+2-Leiter-Netz).

- Systeme mit zentraler Brauchwassererwärmung weisen sehr hohe Zirkulations-Wärmeverluste in den Trinkwasser führenden Leitungen auf (4-Leiter bzw mit Solarkreis 4+2-Leiter-Netz). Dieser Anlagentyp ist daher nur für kleine Anlagen sinnvoll, wie z. B. Reihenhauszeilen mit 20-30 Einheiten.

- Ein neues Anlagenkonzept ist das sogenannte 3-Leiternetz (siehe Kap. 4.3.2.3), bei dem der Wärme- und der Solarvorlauf mit einer gemeinsamen Rücklaufleitung gekoppelt sind. Die Brauchwassererwärmung erfolgt dezentral. Dieses System weist Vorteile auf, wenn im Baugebiet sehr unterschiedlich orientierte Kollektorfelder vorhanden sind oder wenn aufgrund der Lage des Baugebiets in einem Wasserschutzgebiet die Verlegung von Frostschutzmittel führenden Leitungen nicht zulässig ist. Zudem ist in diesem System die Gesamtkollektorfläche einfach erweiterbar.

Anlagenschemata für 4+2-Leiter-Netze

Abb. 4.2 zeigt das Schema einer Anlage, bei der nur eine solare Brauchwassererwärmung erfolgt. Das für die Solaranlage notwendige Speichervolumen wird auf einen kleineren Brauchwasserspeicher und auf einen größeren Solar-Pufferspeicher aus normalem Stahl aufgeteilt. Diese Lösung ist trotz der zusätzlich notwendigen Baugruppen kostengünstiger als die Verwendung eines einzigen Brauchwasserspeichers, der das gesamte, für die Solaranlage notwendige Speichervolumen beinhalten müßte.

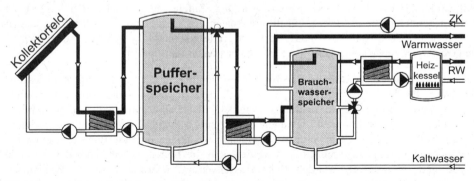

Abb. 4.2:   Anlagenschema für 4+2-Leiter-Netze (nur solare Brauchwassererwärmung)

Anlagenschemata mit zusätzlicher Raumheizungseinbindung sind in Abb. 4.3 dargestellt. Auch hier wird das Zweispeicherkonzept angewandt. Der Unterschied zwischen den beiden dargestellten Varianten liegt in der Art der Nachheizung, falls die Temperatur im Pufferspeicher nicht für eine Versorgung des Heiznetzes oder zur Erwärmung des Brauchwasserspeichers ausreicht. Im einen Fall wird ein Vorratsvolumen im oberen Bereich des Pufferspeichers erwärmt, im anderen ist die Nachheizung dem Speicher nachgeschaltet, was der Solaranlage das ganze Speichervolumen zur Verfügung stellt, aber eine sehr gute Regelfähigkeit des Kessels erfordert.

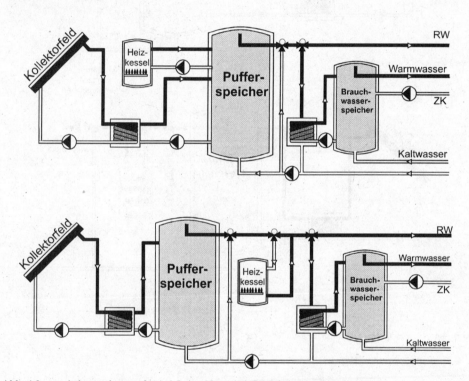

Abb. 4.3:   Anlagenschemata für 4+2-Leiter-Netze (mit Raumheizungseinbindung)

Anlagenschemata für 2+2-Leiter-Netze

Folgende, einfacher aufgebaute Systeme lassen sich aus den obigen ableiten, indem die Brauchwassererwärmung entfernt wird, da diese in den einzelnen Häusern erfolgt. In der Heizzentrale wird daher nur ein Pufferspeicher benötigt. Analog zu den obigen Systemen kann auch hier die Nachheizung im oder nach dem Pufferspeicher erfolgen, ebenfalls mit den oben erwähnten Vor- und Nachteilen (Abb. 4.4).

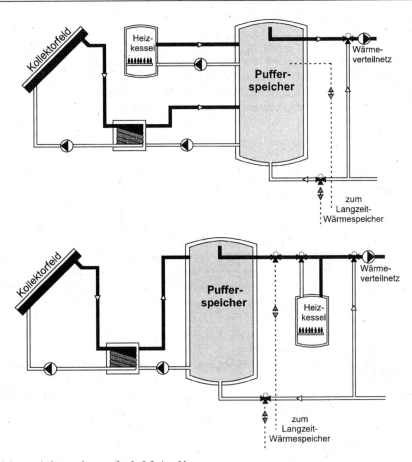

Abb. 4.4:   Anlagenschemata für 2+2-Leiter-Netze

Schemata für Anlagen mit saisonaler Wärmespeicherung

Das gleiche Grundkonzept kommt auch bei Anlagen mit einem saisonalen Wärmespeicher zum Einsatz. Der Langzeit-Wärmespeicher wird - unabhängig vom Typ - parallel zum Pufferspeicher geschaltet (Strichlinierung in Abb. 4.4). Je nach Art des Langzeit-Wärmespeichers variiert jedoch die Größe des Pufferspeichers stark. Träge reagierende Speicher wie z. B. Erdsonden-Wärmespeicher benötigen Volumina bis zu mehreren 100 m³, um die Leistungsspitzen der Solaranlage abzupuffern. Wird dagegen ein Wasserspeicher verwendet, kann statt des Pufferspeichers auch eine hydraulische Weiche mit einem Volumen von nur 2-5 m³ verwendet werden.

Vorwärmanlagen

Neben den beschriebenen Anlagenkonzepten gibt es auch Anlagen, die für sehr niedrige solare Deckungsanteile am Gesamtwärmebedarf (unter 10 %) ausgelegt sind. Bei diesen sogenannten Vorwärmanlagen ist der Wärmebedarf im Vergleich zur vorhandenen Kollektorfläche so groß, daß die Solarwärme immer vollständig abgenommen werden kann. Daher ist nur ein im Vergleich zur Kollektorfläche sehr kleiner Pufferspeicher erforderlich, es erfolgt lediglich eine Anhebung der Rücklauftemperatur vor dem Eintritt in den Kessel (prinzipieller Aufbau siehe Abb. 4.4 unten).

Andere Konzepte

Soll statt der üblichen Energieträger (Gas und Öl) Biomasse (z. B. Holzhackschnitzel) verwendet werden, oder ist der Einsatz eines BHKWs geplant, ist eine von den obigen Systemen abweichende Anlagenkonfiguration erforderlich. Die spezielle Betriebsweise dieser Wärmeerzeuger (z. B. stromgeführtes BHKW mit Wärmeeinspeisung in den Speicher, Feststoffheizkessel mit langen Anheizzeiten) erfordern eine detaillierte Planung, vorzugsweise unter Zuhilfenahme instationärer Simulationsprogramme.

Platzbedarf

Kleinere Heizzentralen können im Untergeschoß bzw. in einem Anbau eines Gebäudes entstehen. Allerdings ist die Größe eines Pufferspeichers, der innerhalb eines Gebäudes untergebracht werden soll, auf ca. 15 bis 20 m³ begrenzt. Darüber hinaus ist eine Freiaufstellung erforderlich, was zusätzliche Maßnahmen für den Wetterschutz der Wärmedämmung nötig macht. Vom Pufferspeicher abgesehen vergrößert die Einbindung einer Solaranlage den Platzbedarf der Heizzentrale gegenüber einer rein konventionellen Variante um ca. 20 bis 50 %.

4.3.1.2 Anlagenkonzepte für die Gebäudetechnik

Die Schnittstelle zwischen dem Nahwärmenetz und der hausseitigen Installation ist die Hausübergabestation. Bei der Anbindung des Heizungskreises und der Warmwasserbereitung gibt es jeweils zwei Möglichkeiten, die in Abb. 4.5 zusammengefaßt sind.

Die Heizungsanbindung kann entweder direkt oder indirekt über einen Wärmeübertrager erfolgen. Eine direkte Anbindung ist anzustreben, weil dadurch die Vor- und Rücklauftemperaturen im Netz niedriger liegen und dies der Solaranlage zugute kommt (vgl. Kap. 4.4.1). Allerdings verhindern häufig Bedenken bezüglich der Betriebssicherheit (Leckagen) den Einsatz der direkten Anbindung. Außerdem darf kein zu hoher Vordruck im Nahwärmenetz vorhanden sein (Baugebiete mit großer Höhendifferenz, bzw. mit stark unterschiedlichen Gebäudehöhen).

Die Brauchwassererwärmung kann, sofern kein 4+2-Leiter-Netz verwendet wird, über Speicherladesysteme oder im Durchflußverfahren erfolgen, wobei letzteres in der Regel nur für Einzel- oder Reihenhäuser geeignet ist. Bei Hausübergabestationen mit Brauchwassererwärmung im Durchflußverfahren muß die Netzvorlauftemperatur ganzjährig auf hohem Temperaturniveau (65 bis 70 °C) gehalten werden. Bei Speicherladesystemen ist dagegen auch ein intermittierender Betrieb möglich, bei dem die Speicher im Sommer nur einmal pro Tag erwärmt werden und nur zu dieser Zeit die Netztemperatur erhöht wird.

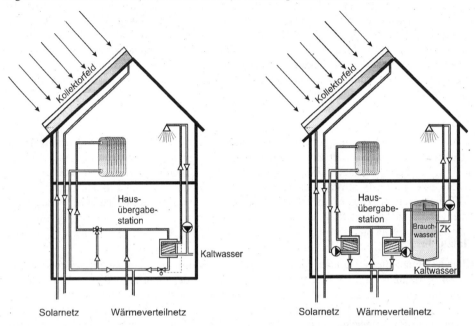

Abb. 4.5:   Verschiedene Hausübergabestationen: links direkte Heizungseinbindung und Brauchwassererwärmung im Durchflußverfahren, rechts indirekte Heizungseinbindung und Speicherladesystem

Bei allen Hausübergabestationen ist auf die Einhaltung der DVGW-Richtlinien W551 und W552 zu achten. Diese verlangen zur Vermeidung der Legionellenbildung die Einhaltung von bestimmten Mindesttemperaturen im Brauchwasserkreis. Bei einem Brauchwasserspeichervolumen über 400 l wird z. B. ein mal pro Tag eine Erwärmung des gesamten Brauchwassers auf mindestens 60 °C gefordert.

Bei der Planung von Hausübergabestationen ist eine sorgfältige Auslegung wesentlich, um eine niedrige Rücklauftemperatur im Nahwärmenetz zu gewährleisten. Selbstverständlich erfordert dies auch eine sorgfältige Bauausführung, insbesondere die korrekte Einregulierung der hausseitigen Installationen. Um als Netzbetreiber gegen Unwägbarkeiten auf der hausseitigen Installation abgesichert zu sein, ist netzseitig der Einbau eines Rücklauftemperaturbegrenzers mit außentemperaturgeregelter Kennlinie möglich. In der Praxis verzichten jedoch viele Betreiber auf den Einsatz von Rücklauftemperaturbegrenzern.

Allgemein sind die Rahmenbedingungen für die Haustechnik schriftlich zu fixieren. Dies beeinhaltet neben den technischen Anschlußbedingungen vor allem die Abnahmebedingungen, insbesondere den hydraulischen Abgleich (vgl. Kap. 2.3).

4.3.1.3 3-Leiter-Netz

Das in Kap. 4.3.1.1 schon erwähnte 3-Leiter-Wärmeverteil- und -Solarnetz bildet im Verbund mit speziellen Hausübergabestationen eine aufeinander abgestimmte Einheit. Ein Anlagenschema ist in Abb. 4.6 dargestellt. Die Hausübergabestationen werden durch Solarübergabestationen ergänzt, wobei der Wärme- und der Solarrücklauf miteinander verbunden sind. Dementsprechend entfällt eine Rücklaufleitung im Netz. Der durch Gebäudeheizung oder Brauchwassererwärmung abgekühlte Rücklauf wird in den Häusern direkt der Solaranlage zur Verfügung gestellt und gegebenenfalls von dieser wieder erwärmt. Je nach herrschendem Massenstrom im Solar- bzw. Wärmeverteilkreis (d. h. überwiegend Solarbetrieb oder Heizbetrieb) stellt sich eine unterschiedliche Durchströmungsrichtung der gemeinsamen Rücklaufleitung ein.

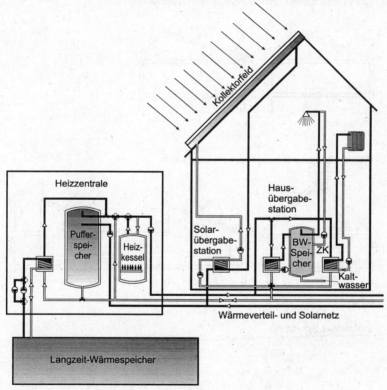

Abb. 4.6:   Schema eines 3-Leiter-Netzes

4.3.1.4 Anlagenkonzepte für die Kollektoranlage

Bei der Vorplanung der Kollektoranlage sind hinsichtlich der Dachgestaltung die Aspekte Dachneigung, Größe der einzelnen Dachflächen, mögliche Verschattung der Kollektoren sowie die Statik der Kollektoranlage zu berücksichtigen. Darüber hinaus sind die Verrohrung auf dem Dach und der Steigleitungen im Haus sowie die Solarübergabestationen festzulegen.

Kollektormontage und Anstellwinkel des Kollektorfeldes

Da die Dachneigung üblicherweise im Bebauungsplan oder spätestens während des Bauentwurfs festgelegt wird, liegt sie zum Zeitpunkt der Vorplanung fest. Allerdings sollte so frühzeitig wie möglich im Entscheidungsablauf mitgewirkt werden, um eine allseits befriedigende Lösung zu finden. Die für die Solarenergienutzung optimale Dachneigung liegt bei Anlagen mit Kurzzeit-Wärmespeicher zwischen 30 und 40° und bei Anlagen mit saisonaler Wärmespeicherung zwischen 45 und 50°. Der steilere Winkel bei letzteren Anlagen sichert ein Größtmaß an direkter Solarenergienutzung im Winter, wodurch ein kleinerer und damit kostengünstigerer Langzeit-Wärmespeicher ausreicht.

a) Wohngebäude mit nicht ausgebautem Dachraum

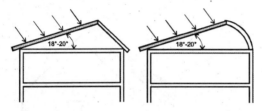

b) Wohngebäude mit ausgebautem Dachraum

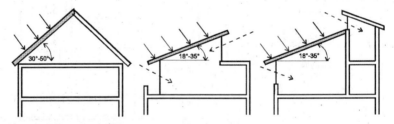

c) Industrie- / Sporthalle

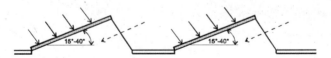

Abb. 4.7:   Verschiedene Möglichkeiten der Dachintegration von Sonnenkollektoren

Abb. 4.7 zeigt unterschiedliche architektonische Möglichkeiten für die Dachintegration von Kollektoren. Eine Dachintegration ist gegenüber einer Flachdachaufstellung grundsätzlich vorzuziehen, da sie in der Regel architektonisch ansprechender und kostengünstiger ist. Allerdings erfordert dies eine sehr frühzeitige Abstimmung zwischen Architekten und Anlagenplaner.

Neben architektonischen Vorbehalten gegenüber steileren Dachneigungen (Mehrfamilien-
gebäude werden derzeit praktisch nur mit Flachdach ausgeführt) führen auch
Montageprobleme dazu, daß eine Kollektorneigung über 30° nur sehr selten ausgeführt
wird.

Weiterhin sollten möglichst großflächige Kollektormodule eingesetzt werden, die
zusammenhängende Dachflächen erfordern. Daher muß bei der Gebäudeplanung auf die
Lage von Dachgauben, Dachflächenfenstern, Abluftrohren etc. geachtet werden. Eine sehr
kostengünstige Lösung ist die Herstellung eines Kollektordachmoduls, bei dem der
Kollektor mit den Sparren eine in der Fabrik vorgefertigte Einheit bildet. Bei Bedarf kann
eine Wärmedämmung integriert werden. Durch die Vorfertigung und die Vorort-Montage
mit dem Kran entfallen die obengenannten Montageprobleme bei Dachneigungen über 30°
größtenteils.

Kollektortypen

Vakuumröhrenkollektoren weisen durch ihre sehr viel bessere Wärmedämmung zwar
insbesondere in den Wintermonaten höhere solare Erträge auf als Flachkollektoren, letztlich
fällt bei einer solar unterstützten Nahwärmeversorgung die Kosten/Nutzen-Relation jedoch
meist zugunsten der Flachkollektoren aus. Vorteile bieten Röhrenkollektoren dann, wenn
zwingend ein Flachdach mit Kollektoren versehen werden muß und hierbei die Kollektoren
nicht aufgeständert werden können. Der nötige Anstellwinkel der Absorberflächen kann in
diesem Fall durch Drehung der einzelnen Röhren erzielt werden.

4.3.1.5 Anlagenkonzepte für Langzeit-Wärmespeicher

Auswahl der Speicher nach Systemgröße und geologischen Gegebenheiten

Zur saisonalen Wärmespeicherung können verschiedene Speicherkonzepte verwendet werden. Die wesentlichen sind in Abb. 4.8 dargestellt. Als Speichermedium kommt neben Wasser der natürliche Untergrund bzw. eine Kombination von beidem in Frage. Die Entscheidung für einen bestimmten Speichertyp hängt vor allem von den örtlichen Gegebenheiten und insbesondere von den geologischen und hydrogeologischen Verhältnissen im
Untergrund des jeweiligen Standortes ab.

Heißwasser-Wärmespeicher (Behälter und Erdbecken)

Reine Wasserspeicher benötigen eine Tragkonstruktion, die in der Regel aus Stahlbeton gefertigt
und teilweise im Erdreich eingebaut ist. Falls die Wasserdichtigkeit nicht durch spezielle Beton-
mischungen gewährleistet ist, muß eine zusätzliche Auskleidung des Speichers erfolgen. Da
handelsübliche Kunststoffe für Temperaturen über 80 °C in der Regel keine ausreichende Zeitstandfestigkeit aufweisen oder nachweisen konnten, wurden die bisher in Deutschland erstellten
Speicher mit einer Auskleidung aus 1,2 mm starkem Edelstahlblech ausgeführt. Eine Wärmedämmung (15 bis 30 cm) sollte im Bereich des Deckels und der senkrechten Speicherwände angebracht werden, bei hinreichender Druckfestigkeit des Dämmwerkstoffs auch unter dem Speicher.

Heißwasser-Wärmespeicher

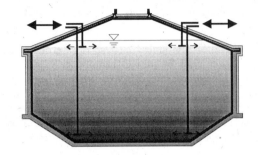

Kies/Wasser-Wärmespeicher

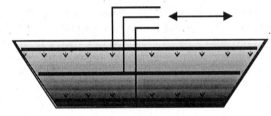

Erdsonden-Wärmespeicher

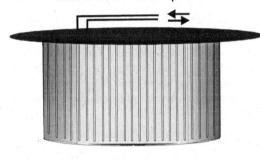

Aquifer-Wärmespeicher

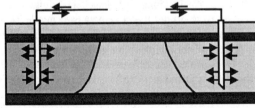

Abb. 4.8:   Schemata verschiedener Langzeit-
Wärmespeicher

Eine Alternative zur Betonkonstruktion stellen Stahlspeicher (Technologie entsprechend dem Bau von Öltanks für Raffinerien) oder Behälter aus glasfaserverstärkten Kunststoffen dar.

Erdbecken-Wärmespeicher scheinen eine kostengünstigere Alternative zu den Behälter-Speicherbauwerken zu sein. In diesem Fall wird eine Grube ausgehoben, in die eine wasserdichte Abdichtungsbahn eingebracht wird. Die Seitenwände der Grube werden je nach Bodenfestigkeit angeböscht, so daß sie von selbst standfest sind. Konstruktiv problematisch sind beim Erdbecken-Speicher jedoch die Ausführung der Speicherdecke inklusive der Wärmedämmung, sowie die Kompensation der Volumenänderung des Wassers.

Kies/Wasser- und Erdreich/Wasser-Wärmespeicher

Bei diesen Speichern wird der Untergrund nicht direkt zur Wärmespeicherung verwendet, sondern ein Gemisch aus Kies bzw. Erdreich und Wasser dient als Speichermedium. Die Speicher bestehen aus einer mit geeigneten Maßnahmen, meist mit einer Folie, abgedichteten Grube (oft auch als Erdbecken bezeichnet), die mit dem Speichermedium, z. B. Wasser und Kies, gefüllt wird. Als Abdichtung werden vorwiegend Kautschuk- bzw. Kunststofffolien (EPDM oder PE) verwendet. Die maximal erreichbaren Speichertemperaturen sind durch die Temperaturfestigkeit der Abdichtungsfolien auf ca. 80 °C begrenzt. Vorteilhaft ist, daß im Vergleich zu einem Wasserspeicher keine tragende Deckenkonstruktion erforderlich ist, wodurch die Baukosten niedriger ausfallen. Die Speicher werden in der Regel seitlich und oben wärmegedämmt, je nach Speichervolumen und -tiefe auch an der Unterseite, wobei hier eine ausreichende Druckfestigkeit des Dämmaterials gewährleistet sein muß. Die Be- und Entladung der Speicher erfolgt in der Regel indirekt über eingelegte Kunststoff-Rohrschlangen. Dieser Wärmetransport führt zu einem Temperaturabfall der gewinnbaren Wärme. Beim Kies/Wasser-Wärmespeicher kann auch direkter Wasseraustausch erfolgen. Bedingt durch den Kiesanteil von etwa 60-70 Vol.% und der gegenüber Wasser geringeren Wärmekapazität des Kieses muß ein Kies-Wasser-Wärmespeicher gegenüber einem reinen Wasserspeicher ein um 50 % größeres Bauvolumen aufweisen.

Beim Kies/Wasser-Wärmespeicher ergeben sich gegenüber einem Wasserspeicher besondere Kostenvorteile, wenn am Speicherstandort Kies im Untergrund vorliegt, der in gereinigtem Zustand wieder als Speichermaterial eingebaut werden kann. Ist dies nicht der Fall, kann alternativ zum Kies auch gewöhnliches Erdreich als Wärmespeichermedium verwendet werden. Dieses wird mit Wasser gesättigt, um Wärmekapazität und Wärmeübergangskoeffizienten zu erhöhen. Der Erdreich/Wasser-Wärmespeicher kann von Aufbau und Funktionsweise mit einem Erdsonden-Wärmespeicher verglichen werden, dessen Wärmeübertragerrohre horizontal in einem künstlich wassergesättigten Untergrund angeordnet sind.

Erdsonden-Wärmespeicher

Als Speichermedium dienen hier das Erdreich bzw. die Gesteinsschichten im natürlichen Untergrund. Die Wärmeübertragung in den bzw. aus dem Untergrund erfolgt über U-förmige, koaxiale Wärmeübertragerrohre aus Kunststoff, die in senkrechte Bohrlöcher eingebracht werden. Typische Bohrtiefen liegen zwischen 20 und 80 m, der Bohrlochabstand beträgt zwischen 1,5 und 3 m. Erdsonden-Wärmespeicher können nur zur Oberfläche hin wärmegedämmt werden, weshalb die Wärmeverluste bei kleinen Speichervolumina (bis ca. 50.000 m³) auch im sogenannten eingeschwungenen Zustand bis zu 50 % betragen können. Selbstverständlich sollten durch eine geeignete Planung der Geometrie die Speicherberandungsflächen möglichst klein gehalten werden. Weiterhin ist zu beachten, daß sich der Speichernutzungsgrad aufgrund der starken Wechselwirkungen mit dem umgebenden Untergrund erst allmählich erhöht: In den ersten 5 Betriebsjahren ist teilweise mit deutlich höheren Wärmeverlusten zu rechnen als später im eingeschwungenen Betriebszustand. Gut geeignete geologische Formationen für Erdsonden-Wärmespeicher sind wassergesättigte Tone bzw. Tonsteine, da diese eine hohe Wärmekapazität aufweisen, gleichzeitig jedoch sehr dicht sind und somit mögliche Grundwasserbewegungen weitgehend unterbinden. Die Vorteile des Erdsonden-Wärmespeichers liegen, besonders gegenüber Heißwasser-Wärmespeichern, im relativ geringen Bauaufwand und der einfachen Erweiterbarkeit des Speichers.

Aquifer-Wärmespeicher

Bei einem sogenannten Aquifer-Wärmespeicher werden natürlich vorkommende, abgeschlossene Grundwasserschichten zur Wärmespeicherung genutzt. Die Wärme wird über Brunnenbohrungen in den Speicher eingebracht bzw. bei Umkehrung der Durchströmungsrichtung wieder entnommen. Oberflächennahe Aquifere sind häufig der Trinkwassernutzung vorbehalten, daher liegen typische Tiefen geeigneter Schichten eher unter 100 m unter Geländeoberkante (GOK). Da eine Wärmedämmung des Speichers nicht möglich ist, wird ein

Aquifer-Wärmespeicher nur bei sehr großem Speichervolumen sinnvoll (minimal 100.000 m³ erschlossenes Volumen). Weiterhin gilt auch hier, daß die Wärmeverluste in den ersten Betriebsjahren deutlich höher ausfallen als im späteren quasistationären Betrieb. Von allen Speichertypen stellt der Aquifer-Wärmespeicher hinsichtlich den notwendigen hydrogeologischen Voraussetzungen die höchsten Ansprüche. Dazu gehört neben den abgrenzenden Bodenschichten eine hinreichende Durchlässigkeit im Inneren des Speichergebiets. Darüber hinaus ist eine geeignete chemische Wasserqualität erforderlich, so daß keine negativen Veränderungen aufgrund des Temperaturwechsels auftreten können (mineralische Ausfällungen, Korrosion an Anlagenteilen, etc.). Aufgrund des direkten Austausches des Grundwassers bei hohem Temperaturniveau ist die Realisierung eines Aquiferspeichers nur bei ausreichender Entfernung von Trinkwassergewinnungsanlagen möglich.

Planungsrichtlinien für Langzeit-Wärmespeicher

Bei allen Speichertypen, insbesondere bei Aquifer- und Erdsonden-Wärmespeichern, ist eine hydrogeologische Voruntersuchung des Speicherstandortes unbedingt erforderlich. Geklärt werden müssen unter anderem die Schichtenabfolge, Lage und Neigung des Grundwasserspiegels, hydraulische Durchlässigkeit des Untergrunds, Strömungsgeschwindigkeit und -richtung des Grundwassers. Falls der Speicherstandort in der Nähe einer Trinkwasserfassung liegt, muß frühzeitig ein wasserrechtliches Genehmigungsverfahren eingeleitet werden.

Das benötigte Volumen für saisonale Speicher ist schwer abzuschätzen, je nach Randbedingungen (Wärmebedarf, Deckungsanteil, Speichertyp und -geometrie, thermische und hydraulische Bodenparameter, etc.) ergeben sich relativ große Unterschiede. Daher sollte die Auslegung immer mit geeigneten Simulationsprogrammen erfolgen. Grobe Richtwerte für einen solaren Deckungsanteil von rund 50 % können Tab. 4.4 entnommen werden.

Tab. 4.4: Notwendiges Speichervolumen je m² Kollektorfläche für einen solaren Deckungsanteil von 50 % (FK: Flachkollektor)

Heißwasser-Wärmespeicher	Erdsonden-Wärmespeicher	Kies/Wasser-Wärmespeicher	Aquifer-Wärmespeicher
1,5 bis 2,5 m^3/m^2_{FK}	8 bis 10 m^3/m^2_{FK}	2,5 bis 4 m^3/m^2_{FK}	4 bis 6 m^3/m^2_{FK}

4.3.2 Simulation des Anlagenverhaltens

Für die genaue Auslegung einer solaren Nahwärmeversorgung mit Langzeit-Wärmespeicher ist der Einsatz von Simulationsprogrammen unerläßlich. Nur so können an den Standort individuell angepaßte Anlagen errichtet und die Anlagengröße (Kollektorfeld und Wärmespeicher) richtig dimensioniert werden. Weiterhin können mögliche Regelstrategien im voraus getestet und eine wirtschaftliche Optimierung des Gesamtsystems vorgenommen werden.

Für eine hinreichend exakte Nachbildung der instationären Vorgänge im hydraulischen Anlagenteil und der Regelvorgänge sollte die Simulation mit einer Zeitschrittweite von nicht mehr als 10 min durchgeführt werden. Grundlage hierfür ist neben den standardmäßig erhältlichen Wetterdatensätzen (TRY) vor allem ein möglichst genaues Profil der erwarteten

Heizlast. Dieses sollte mittels einer Gebäudesimulation gewonnen werden, in die neben den Wärmeverlusten des Gebäudes auch die passiv solaren Gewinne und die Nutzereinflüsse (Brauchwasserbedarfsprofil, Lüftung, interne Gewinne) eingehen.

Die verfügbaren Rechenprogramme (Liefernachweise siehe Kapitel 7) sind überwiegend modular aufgebaut und verfügen teilweise über eine CAD-ähnliche Eingabeoberfläche, die die Erstellung des Anlagenschemas vereinfacht. Praktisch alle Programme stammen aus dem universitären Bereich, werden zum Teil jedoch auf·kommerzieller Basis weiterentwickelt und vertrieben. Trotzdem bedarf die Nutzung dieser Programme meist einer längeren Einarbeitungszeit, da die Anwenderfreundlichkeit nicht mit sonstiger Software vergleichbar ist. Außerdem ist der Zeitaufwand für eine detaillierte Simulation sehr hoch, je nach Komplexität der Anlage ist für eine Modellierung mit einigen Tagen bis Wochen zu rechnen. Weiterhin müssen die Eingabeparameter gewissenhaft ausgewählt werden, da sie das Ergebnis stark beeinflussen. Daher müssen auch die Simulationsergebnisse stets kritisch auf Plausibilität überprüft werden. Besonders bei Anlagen mit Langzeit-Wärmespeicher ist zu empfehlen, die Simulationen durch eine hierin erfahrene Institution durchführen zu lassen.

Die weiteste Verbreitung unter den Simulationsprogrammen hat das Programmpaket TRNSYS /11/ gefunden. TRNSYS ist modular aufgebaut und so flexibel, daß vom Anwender auch selbst geschriebene Module in das Programm integriert werden können. Ein weiterer wesentlicher Vorteil besteht darin, daß validierte Modelle der meisten Langzeit-Wärmespeichertypen verfügbar sind.

4.3.3 Kostenermittlung

Liegt das Konzept der Wärmeversorgung vor, müssen die jeweiligen Investitionskosten der wesentlichen Komponenten zusammengestellt werden.

Die Investitionskosten sind von vielen Faktoren abhängig und schwanken daher auch stark. Anhaltswerte für eine mittelgroße Anlage für ein Neubaugebiet (Wärmedämmstandard 30 % unter WSVO 95) mit etwa 180 Wohneinheiten (15000 m² Wohn-/Nutzfläche) gibt Tab. 4.5 wieder.

Aufgrund der geringen Anzahl der bisher ausgeführten saisonalen Wärmespeicher und der oft für das normale Baugewerbe ungewohnten Arbeitsgänge, ist vor allem bei den Speichergewerken mit größeren Kostenstreuungen zu rechnen. So sind z. B. bei Bohrarbeiten für Aquifer- oder Erdsonden-Wärmespeicher Preisdifferenzen von über 100 % zwischen einzelnen Bietern keine Seltenheit. Die Gründe hierfür liegen insbesondere in der unterschiedlichen Auslastung einzelner Firmen aufgrund ihrer regionalen Lage und der aktuell herrschenden Auftragslage.

Tab. 4.5:   Anhaltswerte für die Investitionskosten einer mittelgroßen Anlage zur solar unterstützten Nahwärmeversorgung mit Langzeit-Wärmespeicher, inkl. Planung, ohne MWSt.
(Tr: Trasse, FK: Flachkollektor)

Komponente	Dimensionierung	Investitionskosten
Gas-Heizzentrale	750 kW	400 bis 600 DM/kW
Wärmeverteilnetz	1000 m Trasse	400 DM/m$_{Tr}$
Hausübergabestationen (Raumkosten, Wärmeübertrager für Heizung und Brauchwasserbereitung sowie Wärmemengenzähler)	30 St. für EFH, RH 10 St. für MFH	6000 bis 6500 DM/St. 12500 bis 13500 DM/St.
Solarsammelnetz	500 m Trasse	200 bis 250 DM/m$_{Tr}$
Solaranlage (installiert, Flachkollektoren)	3000 m²	500 bis 600 DM/m²$_{FK}$
Langzeit-Wärmespeicher (Heißwasser)	4500 m³	300 bis 350 DM/m³

4.3.4 Berechnung des Wärmepreises

Um verschiedene Anlagenkonzepte auch in wirtschaftlicher Hinsicht vergleichen zu können, ist neben den reinen Investitionskosten die Berechnung des Wärmepreises erforderlich. Es können die solaren Wärmekosten ermittelt werden, die als Verhältnis der Gesamtkosten (Investitions-, Betriebs- und Wartungskosten) der solaren Anlagenkomponenten zum solaren Energiertrag definiert sind. Hierbei sind zusätzliche Planungs-, Montage- oder sonstige Kosten zu berücksichtigen.

Für den Betreiber wichtiger sind die Gesamtwärmekosten, die auch die konventionelle Wärmeerzeugung mit einschließen. Sie sind definiert als das Verhältnis der Gesamtkosten der solaren und konventionellen Anlagenteile zur gelieferten Wärmemenge ab Hausübergabestation, und dienen auch der Kalkulation für den Verkaufspreis der Wärme.

Die Berechnung der Wärmepreise sollte weitgehend nach der VDI-Richtlinie 2067 erfolgen. Diese Richtlinie berücksichtigt jedoch nur konventionelle Anlagenkomponenten. Für die Solaranlage und den Langzeit-Wärmespeicher müssen daher sinnvolle Werte für die Nutzungsdauer, die prozentualen Anteile für Instandsetzung und die betriebsgebunden Kosten festgelegt werden. Folgende Werte können für einen einheitlichen Anlagenvergleich verwendet werden:

Berechnung der kapitalgebundenen Kosten

- Zinssatz: 6 %/a
- Nutzungsdauer: Kollektorfelder: 20 a
  Langzeit-Wärmespeicher: 40 a
  Anlagentechnik u. Rohrleitungen in der Heizzentrale: 15 a
  Nahwärmenetz und Hausübergabestationen: 30 a
  Planung u. Sonstiges: 30 a
  Heizzentrale (Gebäude):   40 a

- Instandhaltung (in % der Investitionskosten):

    Nahwärmenetz und Hausübergabestationen: 2,0 %/a

    Anlagentechnik, Rohrleitungen, etc.:   1,5 %/a

    Kollektorfelder, Langzeit-Wärmespeicher, Gebäude: 1,0 %/a

Berechnung der betriebsgebundenen Kosten (in % der Investitionskosten)

- Kessel, Anlagentechnik, Rohrleitungen, Nahwärmenetz und
  Hausübergabestationen: 0,75 %/a

- Kollektorfelder, Langzeit-Wärmespeicher, Gebäude: 0,25 %/a

4.4 Entwurfsplanung

Nachdem im Rahmen der Vorplanung das Anlagenkonzept ausgewählt wurde, werden im Zuge der Entwurfsplanung die technischen Rahmenbedingungen für den Betrieb einer solar unterstützten Nahwärmeversorgung festgelegt. Dazu gehören im wesentlichen die hydraulische Verschaltung, die Festlegung der Auslegungstemperaturen und, daraus resultierend, die Auslegung der Komponenten und Rohrleitungen sowie die genaue Festlegung der Schnittstellen zwischen den einzelnen Gewerken. Wichtiges Werkzeug in dieser Phase sind Simulationsrechnungen, mit denen für das festgelegte Anlagenschema die Auslegung der Komponenten auf ein optimales Zusammenspiel erfolgen kann. Die Ergebnisse der Optimierungsrechnungen sind Grundlage für die im Zuge der Entwurfsplanung durchzuführende detaillierte Kostenermittlung und insbesondere für die Ermittlung der solaren und der Gesamt-Wärmekosten. Außerdem müssen in dieser Phase die Verhandlungen mit Behörden und den anderen an der Planung Beteiligten über die Genehmigungsfähigkeit geführt werden.

Das in der Vorplanung festgelegte Anlagenkonzept muß zeichnerisch umgesetzt werden. Das Funktionsprinzip der Anlage ist in einem detaillierten Anlagenschema mit allen notwendigen Bauteilen darzustellen, außerdem sind Aufstellungspläne für alle Komponenten anzufertigen. Als Beispiel für ein detailliertes Anlagenschema ist der Solarkreis der Pilotanlage in Hamburg-Bramfeld mit allen Bauteilen, der sicherheitstechnischen Ausrüstung und den Komponenten für die Regelung in Abb. 4.9 dargestellt.

Für die detaillierte Simulation, besonders einer solar unterstützten Nahwärmeanlage mit Langzeitwärmespeicher, muß die Anlage und ihre Technik möglichst genau nachgebildet werden. Neben der Abbildung der Lastprofile der Gebäudeheizung, Brauchwasserbereitung und des Wärmeverteilsystems im Simulationsprogramm, ist die aktive Anlage und die Regelstrategie detailgetreu nachzubilden, um eine quantitative Auslegung der Solaranlage durchführen zu können. Voraussetzung ist natürlich, daß die in der Simulation verwendeten Rechenmodelle das thermische Verhalten der Komponenten sehr gut wiedergeben. Ergebnisse der Simulation sind der zu erwartende Solaranlagenertrag, der verbleibende Brennstoffbedarf und sämtliche Verluste für Wärmespeicher, Wärmeverteilnetz, Solarnetz, etc.. Mit Hilfe der Simulation müssen die auftretenden Systemtemperaturen und Anlagenzustände nachgebildet werden können, um Fehlauslegungen wie z. B. einen zu kleinen Wärmespeicher zu erkennen.

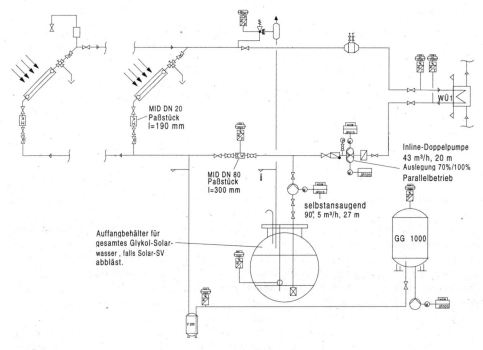

Abb. 4.9:   Anlagenschema des Solarkreises am Beispiel der Pilotanlage Hamburg-Bramfeld

Mit der Festlegung der Anlagentechnik und der Vorauswahl der Komponenten können die Gesamtinvestitionskosten ermittelt und die Kostenabschätzungen aus der Vorplanung detailliert werden. Aufgrund der rechnerischen Ermittlung der Anlagenergebnisse lassen sich nach den in Kap. 4.3.5 beschriebenen Verfahren die Gesamtwärmekosten und die solaren Wärmekosten ermitteln.

4.4.1 Auslegung der Komponenten

Kollektorfeld

Die endgültige Planung der Kollektorfelder ist zu diesem Zeitpunkt noch nicht möglich, da sowohl die Geometrie der Kollektoren, wie auch die Kollektorfeldhydraulik vom einzusetzenden Kollektortyp abhängen.

Anhand des Wärmebedarfs und der zur Verfügung stehenden Dachflächen muß die Art der Kollektorsysteme geklärt werden. Grundsätzlich gilt, daß die Kollektoren in möglichst großen zusammenhängenden Feldern zu installieren sind, um den Aufwand an Dacheindeckrahmen und Verrohrung gering zu halten. Die Voraussetzungen hierfür müssen bereits im Vorfeld (Städtebau, Gebäudeplanung) geschaffen werden. Zu beachten ist, daß eine Aufständerung von Kollektormodulen auf z. B. Flachdächer durch die Unterkonstruktion, die Wind- und Schneelasten aufnehmen muß, Mehrkosten von durchschnittlich 200 DM je m² Kollektorfläche verursachen.

Unabhängig vom Kollektorsystem und von der Art der Montage muß vorab der Übergang vom Dach zum Übergabepunkt (Netz oder Heizzentrale) in die Betrachtung einbezogen werden. Normalerweise werden die Steigleitungen von unten zum Dach in einem Schacht verlegt, der möglichst nahe am Anschlußpunkt an das Solarnetz oder an der Heizzentrale liegt. Bei dachintegrierten Modulen und bei Freiaufständerung muß die feldinterne Verrohrung auf dem Dach so geplant werden, daß nur kurze Leitungslängen auftreten. Neben dem Platzbedarf für die Verrohrung ist der Platzbedarf für die unbedingt notwendigen Dehnungsbögen oder andere Ausdehnungsmöglichkeiten zu berücksichtigen.

Vorzugeben ist in jedem Fall der maximale Fluidvolumenstrom und der maximale Druckverlust des Gesamtfeldes. Große Kollektorfelder sollten mit geringen Volumenströmen („low-flow") betrieben werden. Dabei werden die Einzelkollektoren eines Feldes hydraulisch so verschaltet, daß jeder Kollektor mit dem für ihn günstigsten Betriebsmassenstrom (normalerweise 40 bis 70 $l/(m^2h)$), das gesamte Feld jedoch nur mit maximal 13 bis 16 $l/(m^2h)$ durchströmt wird. Damit ergibt sich bei guter Einstrahlung eine Temperaturspreizung von 30 bis 40 K im Kollektorfeld und somit auch eine gute Temperaturschichtung im Wärmespeicher. Daneben können durch den niedrigeren Gesamtmassenstrom Einsparungen durch kleinere Rohrleitungsquerschnitte und geringere Pumpenleistungen erzielt werden. Der Druckverlust hängt von der Hydraulik des gesamten Solarnetzes ab. Normalerweise beträgt er auch bei großen Feldern nur etwa 0,5 bar je Feld.

Nahwärmenetz

Die Dimensionierung des Wärmeverteilnetzes und des Solarnetzes erfolgt mit Auslegungsprogrammen, die von den meisten Rohrherstellern oder auch produktunabhängig angeboten werden. Bei der Auslegung des Solarnetzes sind die höheren Temperaturdifferenzen und die Anzahl der Temperaturzyklen zu berücksichtigen (vgl. Kap. 4.5).

Hausübergabestationen

Unter Berücksichtigung der Auslegungstemperaturen der hausinternen Heizungssysteme und mit Kenntnis des Wärmebedarfs der einzelnen Häuser können die Hausübergabestationen und die Hausanschlußleitungen dimensioniert werden. Die Wärmeübertrager für die Brauchwassererwärmung und ggf. für die Raumheizung sind so auszulegen, daß der Wärmeträger immer mit möglichst niedriger Temperatur an das Wärmeverteilnetz zurückgegeben wird. In der Regel erfüllen Plattenwärmeübertrager diese Bedingung.

Hinsichtlich möglichst niedriger Netztemperaturen ist die direkte Einkopplung der hausinternen Raumheizungssysteme in das Wärmeverteilnetz vorzuziehen (vgl. Kap. 4.3.1.2). Bei indirekter Einkopplung ist eine sehr kleine treibende Temperaturdifferenz des Wärmeübertragers von max. 5 K im Auslegungsfall anzustreben. Die Art der Warmwasserbereitung hat ebenfalls Einfluß auf die Temperaturen im Wärmeverteilnetz: In Ein- bis Zweifamilienhäusern ist eine Brauchwasserbereitung im Durchflußverfahren möglich. Die maximale Vorlauftemperatur im Wärmeverteilnetz kann damit auf 60 °C beschränkt werden. Sind in den Hausübergabestationen Brauchwasserspeicher installiert, liegt die Vorlauftemperatur in der Regel bei mindestens 65 bis 70 °C zur Sicherstellung einer ausreichenden Warmwasserversorgung. In bestimmten Fällen, z. B. wenn eine Fußbodenheizung in den Gebäuden installiert ist, kann es sinnvoll sein, die Brauchwasserspeicher in den Häusern größer zu wählen, diese nur einmal pro Tag aufzuheizen und das Wärmeverteilnetz in der übrigen Zeit auf niedrigeren Temperaturen zu betreiben. Die Wärmeübertrager für die Warmwasserbereitung sind ebenfalls auf eine treibende Temperaturdifferenz von max. 5 bis 6 K auszulegen.

Komponenten in der Heizzentrale

Die Komponenten in der Heizzentrale werden nach den Regeln der konventionellen Heizungstechnik ausgelegt. Bei den bisher realisierten Projekten wurden die Heizkessel für die im Wohngebiet maximal zu erwartende Heizleistung ausgelegt. Eine Reduzierung der Auslegungsleistung ist nur mit einer komplizierteren Regelstrategie für die Be- und Entladung des Speichers in Verbindung mit der Regelung der Nachheizung möglich. Da hierbei die Kosteneinsparungen gering sind und die Betriebssicherheit der Wärmeversorgung abnimmt, wurde dieses Konzept bislang nicht weiter verfolgt.

Die Pumpen im Wärmeverteilnetz sind differenzdruckgeregelt. Für die Kollektorkreispumpen ist eine Volumenstromregelung nur in bestimmten Fällen sinnvoll. In den bisherigen Projekten wurde auf eine Volumenstromregelung verzichtet, da die zusätzliche Brennstoffeinsparung gering und somit der größere Regelungsaufwand nicht gerechtfertigt ist.

Die Aufnahme der Wärmeausdehnung der Fluide im Wärmeverteil- und im Solarnetz erfolgt mit Membran-Druckausdehnungsgefäßen (DAG), deren notwendiges Nutzvolumen aus den auftretenden Betriebsdrücken und dem Volumen des jeweiligen Kreises berechnet wird. Im Solarnetz sind die möglicherweise hohen Temperaturen insbesondere im Stagnationsfall zu beachten. Abhängig von der Anordnung des DAG und von der Länge der Zuführungsleitungen kann ein Vorschaltgefäß zum Schutz der Membran gegen unzulässig hohe Temperaturen notwendig sein. Falls im Solarkreis Frostschutzmittel verwendet wird, muß ein Nachweis vorliegen, daß die Membran gegen dieses Frostschutzmittel beständig ist.

Wie auch in den Hausübergabestationen ist bei der Auslegung der Wärmeübertrager in der Heizzentrale auf möglichst kleine treibende Temperaturdifferenzen zu achten. In der Regel werden geschraubte Plattenwärmeübertrager eingesetzt, die treibende Temperaturdifferenzen von 5 K gut erreichen können. Die Wärmeübertrager werden von den Herstellern in verschiedenen Ausführungen (ein- oder mehrgängig) abhängig von den Anforderungen an das Wärmeübertragungsvermögen und an den maximalen Druckverlust angeboten. Bei der Auslegung sind unbedingt die thermischen Eigenschaften der Wärmeträgermedien zu beachten. Der Ansatz von falschen Stoffwerten bei der Berechnung der Wärmeübertrager kann zu groben Fehlauslegungen führen.

Langzeit-Wärmespeicher

Die Auslegung der Be- und Entladepumpen des Wärmespeichers ist abhängig vom gewählten Speichertyp. Im Fall eines direkt be- und entladenen, drucklosen Heißwasser-

Wärmespeichers ist darauf zu achten, daß auf der Saugseite der Pumpe die Wassersäule nicht abreißen kann (keine Hochpunkte in der Verbindungsleitung von Speicher und Heizzentrale, in denen sich Luft sammeln kann). Sinnvoll ist der Einsatz einer selbstansaugenden Pumpe, insbesondere bei geringen Höhendifferenzen zwischen dem Wasserspiegel im Speicher und der Pumpe. Zu beachten ist, daß auch bei den niedrigen Drücken auf der Saugseite der Pumpe (Druckverlust in der Zuleitung) kein Dampf entsteht. Beim Be-/ Entladesystem eines Erdsondenspeichers handelt es sich um ein geschlossenens System. Die Auslegung der Pumpen erfolgt anhand des Druckverlustes in den Erdsonden.

Für die Speicherzuleitungen und alle im Beladekreis installierten Armaturen ist zu berücksichtigen, daß es insbesondere beim offenen System, aber auch bei den Erdsonden aus Kunststoff zu Sauerstoffeintrag in den Beladekreis kommen kann. Es empfiehlt sich, alle Bauteile, die nachträglich nur schwer zugänglich sind, aus korrosionsbeständigen Materialien auszuführen. Im Zweifelsfalle ist der Sauerstoffgehalt des Kreislaufwassers in regelmäßigen Abständen zu überprüfen.

4.4.2 Sicherheitskonzept der Solaranlage

Einer der wichtigsten Gesichtspunkte bei der Planung einer großen Solaranlage ist die Erarbeitung eines Sicherheitskonzeptes, das im Fall einer Störung, z. B. bei Ausfall einer der Pumpen in der Solaranlage, oder im Fall, daß der Wärmespeicher seine Maximaltemperatur erreicht hat, einen gefahrlosen Stillstand der Anlage gewährleistet.

Der Stillstand oder störungsbedingte Ausfall einer Solarpumpe bei gleichzeitiger Einstrahlung auf die Kollektoren führt zu einer Temperaturerhöhung im Kollektor, die über die im Normalbetrieb auftretende hinausgehen kann. Die im Stillstandsfall auftretenden Temperaturen und Drücke sind bei der Auslegung aller Komponenten im Kollektorkreis zu berücksichtigen. Für die Kollektoren muß eine Bauartzulassung bis zum maximal auftretenden Druck (meistens 10 bar) vorliegen; Rohrleitungen und Armaturen sind auf die Druckstufe PN 10 zu dimensionieren und müssen bis zur Sättigungstemperatur des Wärmeträgers bei den auftretenden Drücken beständig sein.

Die temperaturbedingte Ausdehnung des Wärmeträgermediums im Kollektorkreis wird vom Membran-Druckausdehnungsgefäß (vgl. Kap. 4.4.1) aufgenommen. In kleinen Solaranlagen werden die DAGe so ausgelegt, daß zusätzlich zum Ausdehnungsvolumen auch noch der Inhalt der Kollektoren aufgenommen werden kann. Kommt es zu einer Verdampfung des Wärmeträgermediums in den Kollektoren, wird der Flüssigkeitsinhalt der Kollektoren in das DAG verdrängt, im Kollektor verbleibt kompressibler Dampf und es kommt zu keiner nennenswerten weiteren Druckerhöhung. In großen Anlagen (> 100 m²) kann normalerweise nicht der komplette Inhalt der Kollektoren in einem geschlossenen DAG aufgenommen werden. Das DAG wird hier nur für die Aufnahme des flüssigen Wärmeträgermediums infolge der temperaturbedingten Ausdehnung ausgelegt. Bei weiterer Temperaturerhöhung steigt der Druck bis zum Ansprechen eines Überström- oder Sicherheitsventils, das Wärmeträgermedium wird dann in einen drucklosen Auffangbehälter abgeblasen. Eine automatische Wiederbefüllung erfolgt durch eine Füllpumpe, die nach dem Abkühlen der Kollektoren das Wärmeträgermedium in den Solarkreis zurückspeist.

Bei Solaranlagen ist es heute üblich - und auch genehmigungsfähig -, das Sicherheitsventil nicht oberhalb der Kollektoren („höchster Punkt des Wärmeerzeugers"), sondern wie auch das DAG im Solarrücklauf, meist in der Nähe der Pumpengruppe anzuordnen. Für solare Nahwärmesysteme mit mehreren verteilten Kollektorfeldern ist es sinnvoll, die Haupt-Sicherheitseinrichtungen - DAG, Überstömventil, Sicherheitsventil und Auffangbehälter - zentral anzuordnen. Aufgetretene Störungen können so über die Anlagenreglung erfaßt und angezeigt werden, die Wiederbefüllung der Anlage erfolgt aus dem zentralen Auffangbehälter. Beim 3-Leiternetz endet der Solarkreis in den einzelnen Gebäuden an der Solarübergabestation. Somit sind die aufgeführten Sicherheitseinrichtungen vor jeder Solarübergabestation anzuordnen.

Ob zusätzlich zu dem, in jedem Fall notwendigen, Sicherheitsventil ein Überströmventil installiert wird, hängt von der Anlagengröße und von der Auslegung der Anlage ab. In großen solaren Nahwärmesystemen empfiehlt sich zusätzlich der Einbau eines Überströmventils, das nach einem Ansprechen wieder zuverlässig dicht schließt. Als maximaler Betriebsdruck ist dann der Ansprechdruck des Überströmventils anzusetzen, das Sicherheitsventil wird auf einen um ca. 0,5 bar höheren Ansprechdruck als das Überströmventil eingestellt. Nach einem Ansprechen des Sicherheitsventils darf die Anlage nicht wieder automatisch in Betrieb gehen.

Auch wenn die Solaranlage nach einem Stillstand und Abblasen durch ein Überströmventil wieder automatisch in Betrieb geht, ist es sinnvoll, eine Meldung über die zentrale MSR-Technik an den Betreiber zu leiten. In jedem Fall sollte kontrolliert werden, was der Grund für den Stillstand war, ob der Anlagendruck nach einem Stillstand wieder vollständig aufgebaut wurde und ob die Überström- und Sicherheitsventile geschlossen sind. Die meisten Überström- und Sicherheitsventile können ein Signal an die Anlagenregelung ausgeben. Alternativ besteht die Möglichkeit, das Einschalten der Nachspeisepumpe zu registrieren.

Als Beispiel kann aus Abb. 4.9 das Sicherheitskonzept der Anlage Hamburg-Bramfeld (zentrale Sicherheitseinrichtungen, Sicherung der einzelnen Kollektorfelder gegen Überdruck mit Dreiwegeventilen) ersehen werden.

Das Sicherheitskonzept ist bereits in dieser Planungsphase mit den zuständigen Prüf- und Genehmigungsbehörden abzustimmen (vgl. Kap. 4.5). Daneben sind auch baurechtliche Fragen, die insbesondere bei der Installation der Kollektoren auf den Dächern auftreten, mit den örtlichen Bauämtern zu klären.

4.4.3 Auslegung der sicherheitstechnischen Komponenten

Die Auslegung der Überström- bzw. Sicherheitsventile, der Abblaseleitung, des bei großen Abblaseleistungen (> 350 kW) notwendigen drucklosen Auffangbehälters und der Ausblaseleitungen über Dach erfolgt entsprechend der im Stillstandsfall auftretenden Abblaseleistung. Diese hängt vom Ansprechdruck des Überström- bzw. Sicherheitsventils, von den Rohrleitungen zwischen Kollektorfeld und Überström- bzw. Sicherheitsventil (die die Druckerhöhung im Kollektor bestimmen), von den Leistungsdaten des Kollektors, der sich daraus ergebenden Verdampfungstemperatur und der noch verbleibenden Kollektorleistung ab. Insbesondere bei langen Wegen zwischen Kollektorfeld und Sicherheitseinrichtungen entstehen im Verdampfungsfall in den Rohrleitungen unter Umständen sehr hohe Strömungsgeschwindigkeiten, die in der Folge zu Druckspitzen im Kollektor führen können, die aber in keinem Fall über dem zulässigen Betriebsdruck der Kollektoren liegen dürfen. Die tatsächlich auftretenden Druckspitzen müssen in Abhängigkeit vom Ansprechdruck der Sicherheitsventile im Einzelfall berechnet werden.

Der drucklose Auffangbehälter muß im Notfall das komplette Flüssigkeitsvolumen des Solarnetzes und der Kollektorfelder aufnehmen. Wird der Tank im Boden eingegraben, kann eine wasserrechtliche Genehmigung notwendig sein. Über eine automatische Druckhaltung wird nach einem Anlagenstillstand mit Abblasen, beim Abkühlen der Kollektoren und dem damit verbundenen fallenden Druck, Wärmeträgermedium in den Solarkreis nachgespeist.

Zusätzlich zu den zentralen Sicherheitseinrichtungen müssen die einzelnen absperrbaren Kollektorfelder gegen Überdruck gesichert werden. Diese Sicherungen sollen jedoch nur für den Fall von versehentlich geschlossenen Absperrarmaturen ansprechen. Hier sind einfache Sicherheitsventile ausreichend, die auf einen höheren Ansprechdruck als die zentralen Sicherheitseinrichtungen auszulegen sind (knapp unterhalb des zulässigen Betriebsdruckes der Kollektoren). Das Abblasen erfolgt in dezentrale Auffangbehälter. Für Felder, bei denen wenig Raum für Absperr- und Sicherheitsarmaturen zur Verfügung steht, können anstatt der Absperrarmaturen im Kollektorvorlauf auch Dreiwegeventile installiert werden, die automatisch beim Absperren des Feldes zu einer Entleerung führen. Ein stationärer Auffangbehälter an jeder Feldabsperrung ist dann nicht notwendig, für Wartungsmaßnahmen an den Feldern muß in diesem Fall ein mobiler Auffangbehälter mitgeführt werden.

4.4.4 Entwurf der Regelung

Anhand des Anlagenplans wird ein Regelschema erstellt, das in die einzelnen zu regelnden Kreise aufgeteilt wird. Besonders die Abstimmung der Regelkreise für die einzelnen Wärmeerzeuger Solaranlage und Kessel sowie des Langzeit-Wärmespeicherkreises muß detailliert festgelegt und beschrieben werden. Bei den bislang realisierten Pilotprojekten zeigte sich, daß komplizierte Regelalgorithmen zu vielen Fehlern und Problemen im Anlagenbetrieb führen. Hierbei ist zu bedenken, daß komplizierte Regelalgorithmen auch bei idealer Umsetzung den Solaranlagenertrag nur um wenige Prozentpunkte verbessern können, eine richtige Dimensionierung der Anlage vorausgesetzt.

Obwohl die Regelung einer Solaranlage eher einfacher als die Regelung einer konventionellen Heizung ist, zeigte sich, daß die Lieferanten und Programmierer der MSR-Technik mit der Umsetzung des Regelkonzeptes der Solaranlage häufig überfordert sind. Eine genaue Beschreibung jedes einzelnen Regelvorganges ist daher, neben der sorgfältigen Prüfung bei Inbetriebnahme, unbedingte Voraussetzung.

Beispiel: Regelung des Solarkreises einer Solaranlage mit Kurzzeit-Wärmespeicher

Im folgenden wird als Beispiel die Regelung des Solarkreises einer Anlage entsprechend Abb. 4.2 beschrieben. Der Solarkreis besteht aus dem das Kollektorfeld durchströmenden Primärkreis und dem den Pufferspeicher ladenden Sekundärkreis.

Ein einfacher Regelalgorithmus ist mit folgenden Bedingungen zu verwirklichen:

- Die Primärkreispumpe wird über einen Strahlungsfühler (Pyranometer) bei einer Einstrahlung von z. B. 150 W/m² in Kollektorebene eingeschaltet. Sinkt die Einstrahlung auf unter 100 W/m², schaltet die Pumpe wieder aus.

- Die Sekundärkreispumpe schaltet ein, wenn die Kollektorfeld-Vorlauftemperatur um z. B. mindestens 6 K über der unteren Pufferspeichertemperatur liegt. Ist diese Temperaturdifferenz auf 4 K abgesunken, schaltet die Pumpe wieder aus.

- Steigt die Temperatur im Pufferspeicher über 95°C, werden beide Pumpen abgeschaltet und für den restlichen Tag verriegelt.

- Bläst die Solaranlage daraufhin durch ein Überströmventil ab, wird eine Nachspeisepumpe über einen Drucksensor automatisch in Betrieb gesetzt, wenn der Anlagendruck unter einen Grenzwert von z. B. 2,5 bar sinkt.

Zur Optimierung der Solaranlage können folgende Regeloptionen umgesetzt werden:

- Zur Verringerung von Stagnationszeiten wird die Sekundärkreispumpe auf der zweiten Leistungsstufe betrieben, wenn die Kollektorfeld-Vorlauftemperatur über 95°C steigt. Sinkt diese Temperatur unter 90 °C, wird die Sekundarkreispumpe wieder auf der niedrigen Leistungsstufe betrieben.

- Zum Schutz des Wärmeübertragers vor Einfrieren ist nach dem Einschalten der Primärkreispumpe und nach einer durch die Wärmekapazität des Kollektorfeldes notwendigen Wartezeit die Kollektorfeld-Vorlauftemperatur zu überprüfen: Steigt diese nicht über z. B. 5 °C an, wird die Primärkreispumpe außer Betrieb gesetzt und die Einschaltbedingung der Einstrahlung in Kollektorfeldebene z. B. für eine Stunde gesperrt.

Kompliziertere Regelalgorithmen, wie die beiden zuletzt beschriebenen, lassen sich meist nur bei Einsatz einer programmierbaren Regelung verwirklichen.

4.5 Genehmigungsplanung

Im Zuge der Genehmigungsplanung werden alle notwendigen Unterlagen zur Beantragung von Bau und Betrieb einer Anlage erarbeitet. Die Anlagenteile eines solaren Nahwärmesystems unterliegen unterschiedlichen Genehmigungsverfahren. Diese sind für die Kollektoranlage und für einen Langzeit-Wärmespeicher noch nicht standardisiert. Im folgenden wird die aktuelle Rechtslage erläutert und es werden Empfehlungen zur Erlangung einer Bau- und Betriebsgenehmigung gegeben.

4.5.1 Genehmigung der Kollektoranlage

Solaranlagen, die im Stillstand Temperaturen von mehr als 120 °C erreichen können, fallen unter die Dampfkesselverordnung (DampfKV) und unterliegen dem entsprechenden Genehmigungsverfahren. Große Solaranlagen mit einem Wasserinhalt über 50 l innerhalb einer absperrbaren Einheit fallen in die Gruppe IV der DampfKV. Die mit der Einstufung nach DampfKV verbundenen Auflagen verteuern die Solaranlage sowohl in der Investition, als auch im Betrieb (z. B. ständige Überwachung, wiederkehrende Prüfungen durch den Sachverständigen, etc.). Aus diesem Grund war es bislang gängige Praxis, innerhalb der Kollektorfelder alle 50 l Kollektorfeldinhalt ein Absperrventil und ein Sicherheitsventil zu installieren, um formal unter die Gruppe III der DampfKV zu fallen. Dieses Vorgehen verursacht Probleme bei der Unterbringung der Sicherheitsarmaturen im Feld und führt zu höheren Kosten. Darüberhinaus bringt dies keinen Nutzen und erhöht keineswegs die Sicherheit eines Kollektorfeldes. Während der Realisierung der Pilotprojekte Hamburg-Bramfeld und Friedrichshafen-Wiggenhausen wurde deshalb versucht, zusammen mit Experten von Prüf- und Genehmigungsbehörden eine praktikable Lösung für das Genehmigungsverfahren zu erreichen. Angepaßt an das geringe Gefährdungspotential einer Solaranlage, wurden Ausnahmeregelungen von den Vorschriften nach der DampfKV definiert, die sowohl die eingesetzten Materialien, als auch den Betrieb der Anlage betreffen.

Als Ergebnis der Expertengespräche zu den Genehmigungsverfahren in Hamburg und Friedrichshafen werden große Solaranlagen gegenwärtig unabhängig vom Wasserinhalt der Kollektorfelder als Dampfkesselanlage mit Heißwassererzeugern der Gruppe III eingestuft. Demnach müssen die in Tab. 4.6 aufgeführten Normen und Richtlinien berücksichtigt werden. Durch die Einordnung in die Gruppe III entfallen die ständige Beaufsichtigung der Anlagen und die wiederkehrenden Prüfungen.

Anders als normalerweise bei Heißwassererzeugern der Gruppe III, ist die Genehmigung für die Errichtung und den Betrieb einer großen Solaranlage bei der zuständigen Genehmigungsbehörde zu beantragen. Hierzu wird eine technische Beschreibung der Anlage mit Angaben zur sicherheitstechnischen Ausrüstung und zu den eingesetzten Bauteilen und Materialien bei einem Sachverständigen eingereicht, der diese mit einem Prüfvermerk und einer Stellungnahme an die Genehmigungsbehörde weiterleitet. Der Sachverständige führt vor der Inbetriebnahme der Anlage eine Abnahmeprüfung durch. Genehmigungsbehörden sind, abhängig vom Bundesland, die staatlichen Gewerbeaufsichtsämter oder die Landesämter für Arbeitsschutz. Sachverständige sind in der Regel Angehörige der Technischen Überwachungsvereine.

Das Genehmigungsverfahren wurde, wenn auch in unterschiedlicher praktischer Umsetzung, bei den Pilotanlagen in Hamburg und Friedrichshafen durchgeführt. Aufgrund der Erstmaligkeit des Verfahrens und der damit verbundenen Unsicherheiten waren die Abnahmeprüfungen in Hamburg noch sehr aufwendig - für zukünftige Verfahren sind hier aber Erleichterungen zu erwarten. In Friedrichshafen wurde eine vorläufige Betriebsgenehmigung nach einer einmaligen Abnahmeprüfung durch den TÜV Süddeutschland erteilt.

Tab. 4.6: Zusammenstellung der für die Genehmigung großer Solaranlagen relevanten Normen und Richtlinien (TRD: Technische Richtlinien für Dampfkessel)

Richtlinie	Titel	Bemerkungen
DIN 4757	Sonnenheizungsanlagen, Ausgabe Nov. 1980 und Vornorm Nov. 1995	Bauartzulassung der Kollektoren bis zum maximal auftretenden Betriebsdruck (i. d. R. 10 bar)
DampfKV	Dampfkesselverordnung vom 27. Feb. 1980	
TRD 001	Aufbau und Anwendung der TRD, Ausgabe August 1982	
TRD 802 / TRD 402	Dampfkessel der Gruppe III, Ausrüstung der Heißwassererzeuger nach TRD 402 (Ausgabe April 1992) mit Erleichterungen.	
TRD 612	Wasser für Heißwasserzeuger der Gruppen II – IV, Entwurf, Stand Nov. 1993.	Betrieb des Kollektorkreislaufes mit Wasser-Glykolgemisch. Für alle Bauteile im Kollektorkreis muß ein Nachweis über die Beständigkeit gegen das Wärmeträgermedium vorliegen.
TRD, Reihe 100	Werkstoffe	Qualitätsnachweis der eingesetzten Werkstoffe mit Werkzeugnis 2.2 nach EN 10204

Zukünftige Verfahren

In Folge der Genehmigungen für die Pilotanlagen in Hamburg und Friedrichshafen werden vom Deutschen Dampfkesselausschuß (DDA) weitere Erleichterungen für große Solaranlagen diskutiert. Gegenwärtig liegen drei unterschiedliche Vorschläge vor, wie große Solaranlagen in Zukunft einzustufen sind:

1. Einstufung in die Gruppe II: Die Begründung hierfür ist, daß im Normalbetrieb die Temperaturen in der Solaranlage unter 120 °C liegen. Die hohen Temperaturen, die eine Einstufung in Gruppe IV erfordern, treten nur im Stillstandsfall auf. Eine Einstufung in Gr. II hat zur Folge, daß die Anlage nicht genehmigungspflichtig, sondern nur anzeigepflichtig ist. Die Anzeige erfolgt bei der zuständigen Genehmigungsbehörde über den Sachverständigen (i. d. R. TÜV), bei dem eine technische Beschreibung der Anlage und der sicherheitstechnischen Ausrüstung einzureichen ist. Bei vorhandener Bauartzulassung der Kollektoren kann die Wasserdruckprüfung durch den Anlagenersteller erfolgen. Eine einmalige Abnahmeprüfung durch einen Sachverständigen ist normalerweise notwendig, da der Kollektorkreis als ganzes in der Regel keine Bauartzulassung besitzt. Jährlich wiederkehrende Prüfungen sind nicht notwendig (bei Volumen unter 2000 l) /15/.

2. Einstufung in die Gruppe III nach DampfKV unabhängig vom Wasserinhalt der Kollektorfelder. Die Anlage ist nur anzeigepflichtig (vgl. Vorschlag 1). Die Wasserdruckprüfung wird vom Anlagenersteller durchgeführt und dokumentiert, eine einmalige Abnahmeprüfung erfolgt durch einen Sachverständigen, da der Kollektorkreis als ganzes normalerweise nicht bauartzugelassen ist. Wiederkehrende Prüfungen entfallen /16/.

3. Herausnahme von Solaranlagen aus der Dampfkesselverordnung mit der Begründung, daß es sich bei einer Solaranlage nicht um einen Heißwassererzeuger im herkömmlichen Sinn handelt („Erzeugung von Heißwasser zur Verwendung außerhalb der Anlage"). In diesem Fall ist weder ein Genehmigungs-, noch ein Anzeigeverfahren notwendig, auch entfällt die Bauartzulassungspflicht für die Kollektoren. Der Anlagenbetreiber ist allein für die Qualitätssicherung bei der Anlagenerrichtung (Einhaltung der DIN bzw. CEN-Normen und der technischen Richtlinien) und für die Betriebssicherheit verantwortlich /17/.

Die Entscheidung zugunsten eines der Vorschläge soll im November 1998 vom DDA getroffen werden.

Langfristig wird die DampfKV im Zuge der europäischen Harmonisierung durch die Europäische Druckgeräterichtlinie ersetzt werden (nationale Umsetzung bis 2002).

4.5.2 Genehmigung des Langzeit-Wärmespeichers

Der wichtigste Aspekt bei der Genehmigung eines Langzeit-Wärmespeichers ist die Einhaltung der Gesetze und Richtlinien zum Trinkwasserschutz. Es gelten die Bestimmungen des Wasserhaushaltsgesetzes (WHG) in Verbindung mit den Wassergesetzen der jeweiligen Bundesländer. Im WHG werden alle Maßnahmen geregelt, die die Entnahme bzw. das Wiedereinleiten, Umleiten und Absenken von Grundwasser betreffen. Weiterhin werden darin alle Maßnahmen untersagt, die zu schädlichen Veränderungen der physikalischen, chemischen oder biologischen Beschaffenheit des Wassers führen können. Hinsichtlich der genannten Gesichtspunkte sind die verschiedenen Speicherkonzepte unterschiedlich zu bewerten.

Relativ unproblematisch für eine Genehmigung sind Heißwasser- und Kies/Wasser-Wärmespeicher, da kein Wasseraustausch mit der Umgebung stattfindet und diese Speicher in aller Regel so gut wärmegedämmt sind, daß trotz hoher Betriebstemperaturen kein nennenswerter Einfluß auf das angrenzende Erdreich ausgeübt wird.

Bei einem Erdsonden-Wärmespeicher kann für die Genehmigung ein geologisch-hydrogeologisches Gutachten erforderlich sein, das Auskunft über das Vorkommen und die Strömungsverhältnisse der verschiedenen Grundwasserschichten gibt. Da für die Planung des Speichers ohnehin ausführliche Untersuchungen erforderlich sind, bedeutet dies in der Regel keinen gravierenden Mehraufwand. Weiterhin sollten detaillierte Berechnungen über die langfristige Erwärmung des umgebenden Erdreichs vorgelegt werden.

Die Nutzung eines Aquifers als Wärmespeicher stellt naturgemäß die größte Beeinflussung des Untergrunds dar und erfordert meist ein aufwendigeres Genehmigungsverfahren. Insbesondere ist eine sichere und dauerhafte Abtrennung der zur Wärmespeicherung genutzten

Grundwasserhorizonte von anderen wasserleitenden Schichten zu gewährleisten. Weiterhin sollten chemische und biologische Analysen des vorliegenden Grundwassers vorgenommen werden, um Vorhersagen über mögliche Veränderungen durch die Temperaturerhöhung treffen zu können.

Befindet sich ein möglicher Speicherstandort in einer Trinkwasserschutzzone, ist eine wasserrechtliche Genehmigung grundsätzlich nicht möglich. Allenfalls bei einer Lage in der erweiterten Zone IIIb, d. h. in der äußeren Randzone, kann von der zuständigen Wasserwirtschaftsbehörde eine Ausnahmegenehmigung erteilt werden.

Neben der Beachtung obiger Punkte, die hauptsächlich den Betrieb des Wärmespeichers betreffen, sind auch eventuellen Beeinträchtigungen der Umwelt während der Bauphase oder nach einer Stillegung der Anlage Rechnung zu tragen.

Nach einer eventuellen Betriebsstillegung der Speicheranlage wird vielfach eine geordnete Entsorgung gefordert. Dies bedeutet, daß bei allen Speichertypen, für die Bohrungen erstellt wurden, sichergestellt werden muß, daß die Leitungen bzw. die Rohre mit gut abdichtendem Material verfüllt werden müssen. Ebenfalls dürfen nur unbedenkliche Materialien (z. B. keine PVC-Rohrleitungen) in den Boden eingebracht werden.

Derzeit existiert kein allgemeingültiges Genehmigungsverfahren. Aufgrund der individuellen Gegebenheiten eines Langzeit-Wärmespeichers ist es sinnvoll, frühzeitig Kontakt mit den zuständigen Behörden - in den meisten Fällen mit dem Wasserwirtschaftsamt - aufzunehmen und das notwendige Antrags- und Genehmigungsverfahren gemeinsam abzusprechen. Sollte der Wärmespeicher tiefer als 100 m unter GOK reichen, fällt die Genehmigung in den Zuständigkeitsbereich der Bergämter der einzelnen Bundesländer. Diese beziehen dann die untergeordneten Wasserwirtschaftsämter in das Verfahren mit ein.

4.6 Ausführungsplanung

Zu Beginn der Ausführungsplanung liegt in der Regel das Systemkonzept als Ergebnis der Entwurfsplanung fest. Für eine solar unterstützte Nahwärmeversorgung bedeutet dies z. B., daß entschieden ist, ob für die Kollektoranlage ein eigenes Rohrnetz verlegt (2+2- oder 4+2-Leiternetz), oder ob das Wärmeverteilnetz für den Transport der Solarwärme mitbenutzt wird (3-Leiternetz). Die Ausführungsplanung umfaßt folgende Anlagenteile, die in eigenen Kapiteln abgehandelt werden:

- Kollektoranlage (Kap. 4.6.1),
- Langzeit-Wärmespeicher (Kap. 4.6.2),
- Konventionelle Anlagentechnik und Nahwärmenetz (Kap. 4.6.3),
- Regeltechnik (Kap. 4.6.4),
- Sicherheitstechnik (Kap. 4.6.5).

Im Zuge der Ausführungsplanung werden alle Details der einzelnen Anlagenkomponenten bearbeitet und aufeinander abgestimmt.

4.6.1 Ausführungsplanung der Kollektoranlage (R. Kübler)

Gegenüber konventionellen Gewerken wie Heizzentrale und Wärmeverteilnetz hat man es bei der Kollektoranlage nicht mit einem „genormten" Bauteil zu tun, sondern mit einer Technik, die sich rasant weiterentwickelt. Daraus ergeben sich für den Planungsprozeß bestimmte Randbedingungen, die berücksichtigt werden müssen:

- Die Abmessungen und die Befestigung der Kollektoren sind je nach Hersteller unterschiedlich, das gleiche gilt für Druckverlust und Volumenstrom pro Kollektor.

- Die Leistung der Kollektoren ist nicht gleich, d. h. zur Beurteilung der Wirtschaftlichkeit genügen nicht allein die Kosten, es muß auch der Energieertrag bestimmt werden.

- Bewährte Produkte von erfahrenen Herstellern ersparen zwar Bauherren und Planern unter Umständen Risiko und Ärger, können aber auch dazu führen, daß ein neues und wirtschaftlich günstigeres Produkt mangels Referenzen nicht zum Zuge kommt. Insbesondere der Planer muß sorgfältig darauf achten, daß soviel Wettbewerb wie nötig und so wenig Risiko wie möglich kombiniert werden.

Bei der Ausschreibung von allen großen Solaranlagen während der letzten Jahre hat sich gezeigt, daß die günstigsten Angebote in der Regel von Firmen kamen, die ähnliche Anlagen bisher noch nicht gebaut haben; häufig sind diese dennoch zum Zug gekommen. Dies hatte zur Folge, daß heute mindestens fünf Hersteller große Kollektorflächen anbieten können und so ein lebhafter und fairer Wettbewerb stattfinden kann.

4.6.1.1 Leistungsumfang

Das Gewerk „Kollektoranlage" besteht in der Regel aus den folgenden Teilen:

- Dem Kollektorfeld und der feldinternen Verrohrung bis zum Rand des Feldes,

- den Rohrleitungen zwischen Kollektorfeld und Heizzentrale bzw. Übergaberaum,

- der Technik in der Heizzentrale bzw. im Übergaberaum.

Das Kollektorfeld selbst macht bei großen Anlagen bis zu 80 % der gesamten Kosten der Kollektoranlage aus, davon sind in der Regel wieder etwa 80 % Materialkosten und der Rest Kosten für die Montage. Aus diesem Grund bietet es sich an, das Kollektorfeld separat auszuschreiben und direkt von den Herstellern anbieten zu lassen. Dagegen sind Rohrleitungsbau und die Installation von Pumpen, Wärmeübertragern, Ausdehnungsgefäßen und Armaturen weitgehend konventionelle Gewerke, die von guten Heizungsbaubetrieben erledigt werden können.

In den nächsten Abschnitten werden die Planungsschritte für diese Gewerke detailliert dargestellt, Besonderheiten werden dabei hervorgehoben.

4.6.1.2 Kollektorfeld

Tab. 4.7:   Preise von großen Kollektorfeldern (Orientierungspreise ausgeführter Projekte, ohne Planung, ohne MWSt.)

Kollektorsystem /Hersteller	Projekt	Fläche m²	Preise DM/m²
Dachintegrierter Modulkollektor			
z. B. Paradigma	Neckarsulm Amorbach 1	700	
	Friedrichshafen Block 4	685	
	Stuttgart Brenzstraße	400	
	Neckarsulm Amorbach 2	385	
z. B. Wagner	Hamburg Bramfeld	3000	450,-
z. B. Solar Diamant	Stuttgart Burgholzhof	1674	
Aufgeständerter Flachkollektor			
z. B. ARCON	Friedrichshafen Block 1-3	2015	370,-
	Neckarsulm 2, Ladenzentr.	444	330,-
z. B. Sonnenkraft	Neckarsulm 2, Sporthalle	1200	320,-
Aufständerung			ab ca. 150,-
Solardach			
z. B. Wagner	Stuttgart Brenzstraße	160	
	Stuttgart Rohr	160	412,-
z. B. SET	Fellbach	180	
Dachkonstruktion			ca. 180,-

Große Kollektoranlagen werden in Deutschland in der Regel auf Dächern installiert, wobei bisher vor allem die drei schon erläuterten Systeme der dachintegrierten Modulkollektoren, der aufgeständerten Kollektoren oder der Solardächer montiert werden. In der Regel fällt die Systementscheidung bereits während der Vor- und Entwurfsplanung. Eine günstige und zugleich technisch und architektonisch ansprechende Lösung ist das Solardach, wie es bisher von zwei Firmen angeboten wird (vgl. Tab. 4.7).

In der Phase der Ausführungsplanung muß eine sorgfältige Abstimmung mit dem Architekten und Bauherren des Gebäudes und dem Betreiber der Solaranlage erfolgen, damit zum Zeitpunkt der Ausschreibung über Liefer- und Eigentumsgrenzen keine Unklarheiten mehr vorhanden sind.

Liefer- und Eigentumsgrenzen

Bei **dachintegrierten Kollektoren** sollte der Bauherr ein Notdach herstellen lassen, bestehend aus einer trittfesten Schalung und einer Dichtbahn (Abb. 4.10). Zwischen Kollektor und Dichtbahn muß eine Konterlattung liegen, damit eventuell eindringendes Wasser auf der Notdachebene ablaufen kann. Die Konterlattung muß mit den Sparren verschraubt werden, zwischen Konterlattung und Dichtbahn sollte ein komprimierbares Dichtband eingelegt werden, damit die Durchdringungen der Schrauben durch die Dichtbahn zuverlässig abgedichtet sind. Der Kollektor soll in der Regel nur mit Schrauben in der Konterlattung befestigt werden, die kürzer sind als die Konterlattung dick ist. Als Liefergrenze und Eigentums-schnittstelle dient die Dichtbahn und die aufgebrachte Konterlattung. Zur Abtragung der möglichen Windlasten kann es jedoch notwendig sein, die Kollektorbefestigung direkt in die Dachsparren durchzuschrauben. Bei der Planung sollten in jedem Fall die Maßtoleranzen für das Dach festgelegt werden, die bei der Abnahme des Daches geprüft werden müssen.

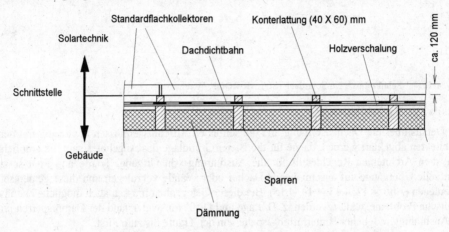

Abb. 4.10: Schnitt durch ein dachintegriertes Kollektorfeld mit Sparrendach (STZ-EGS)

Bei **aufgeständerten Kollektoren** empfiehlt es sich, die Unterkonstruktion einschließlich der Eindichtung in das Dach und der Einleitung der Lasten (Wind, Schnee, Gewichtskraft) bauseits planen und erstellen zu lassen, damit mögliche Gewährleistungsfälle einfach zu klären sind. Vom Planer der Solartechnik müssen die Lasten an den Statiker des Gebäudes geliefert werden. Die Unterkonstruktion verbleibt am besten im Eigentum des Gebäudes, gegebenenfalls muß der Betreiber die Kosten der Unterkonstruktion übernehmen.

Bei **Solardächern** liefert der Kollektorhersteller das ganze Dach, er benötigt in der Regel nur je ein Auflager an Traufe und First (Abb. 4.11). In diesem Fall empfiehlt es sich, Liefer- und Eigentumsschnittstelle zu trennen. Das Dach mit Wärmedämmung und der ebenfalls im Solardach integrierten Notdichtebene gehört zum Gebäude und wird vom Bauherren bezahlt. Der Teil des Solarkollektors oberhalb der Dichtbahn gehört dem Betreiber der Anlage und wird von diesem bezahlt. Sollte der Kollektor einmal entfernt werden, bleibt das Dach auf dem Haus und erhält entweder einen neuen Kollektor oder ein konventionelles Dach. Am einfachsten ist die Kostenaufteilung durchzuführen, wenn in der Ausschreibung bereits zwei Preise angeboten werden müssen.

Im Rahmen der Erstellung des Leistungsverzeichnisses sollten auch vertragliche Regelungen zwischen Bauherrn und Betreiber der Solaranlage darüber getroffen werden, wie nach dem Ende der Lebensdauer der Solaranlage verfahren werden soll.

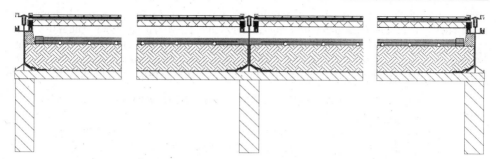

Abb. 4.11:   Schnitt durch ein Solardach (SOLAR ROOF, Wagner)

Details der Dacheinbindung

Die Details über die Dachausbildung und die seitlichen Anschlüsse müssen rechtzeitig mit dem Architekten abgeklärt werden, da sie für die Bieter Grundlage des Angebotes sind. Es empfiehlt sich, dem Architekten Regeldetails für die Ausführung von Ortgang, Traufe und First sowie eventuelle Übergänge auf anschließende Dächer oder Wände vorzulegen und diese gemeinsam festzulegen (Abb. 4.12, 4.13, 4.14, 4.15). Bei dieser Gelegenheit müssen auch mögliche bauphysikalische Probleme geklärt werden, z. B. Lage und Diffusionswiderstand der Dampfsperren und die Ausbildung möglicher Hinterlüftungsspalte von der Traufe bis zum First.

Bei der Ausbildung der Traufe muß darauf geachtet werden, daß das Wasser bei starkem Regen nicht über die Dachrinne hinausschießt. Daher ist ein allmählicher Übergang vom Kollektor auf die Rinne zu empfehlen, außerdem sollte auch die Notdichtebene in die Rinne entwässern. Empfehlenswert ist die Anbringung von Schneefanggittern, falls notwendig, im Rahmen der Kollektormontage, die Nachrüstung ist meist sehr viel teurer.

Sicherheit und Zugang zum Dach

Bei den Betreibern und Planern von Solaranlagen herrscht meist die Vorstellung, daß der Solarkollektor als technisches Gerät der Wartung und Kontrolle bedarf. Dies ist nur zum Teil richtig. Man kann sagen, daß ein Kollektor eher mit einem Heizkörper als mit einem Heizkessel zu vergleichen ist; eine regelmäßige Wartung ist nicht nötig, selbst eine regelmäßige Kontrolle nicht. Unter diesem Aspekt müssen mögliche Einrichtungen zum Besteigen und Begehen der Kollektorfelder gesehen werden, die in der Regel umfangreiche Sicherheitseinrichtungen erfordern. Eine ggf. notwendige neue Kollektorscheibe kann man in der Regel nicht über eine Leiter oder enge Treppe auf das Dach befördern, sondern benötigt dazu eine Hubbühne oder einen Kran. Eine jährliche Sichtkontrolle der Kollektoren kann von einem Steiger aus wesentlich leichter und kostengünstiger erfolgen, als durch eine Begehung der Kollektorfelder. Auch das Betreten des Daches ist von einem Steiger aus einfacher als über eine Leiter.

Von den Berufsgenossenschaften zugelassene Sicherheitseinrichtungen, wie sie zum Begehen eines Daches gefordert werden, sind in der Regel teuer. Ein Dachausstieg ist insbesondere auf Pult- oder Satteldächer meist schwierig unterzubringen. Dennoch läßt er sich nicht immer vermeiden, da nicht überall ein Steiger oder Kran anfahren kann. In diesen Fällen sollten die Sicherheitseinrichtungen zusammen mit dem Kollektorfeld ausgeschrieben werden. Jeder Nachtrag wird sehr teuer.

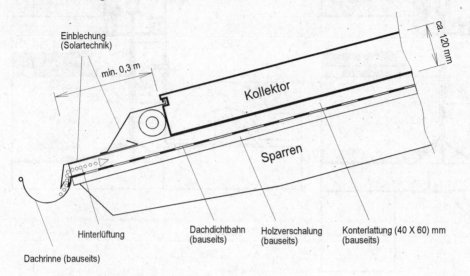

Abb. 4.12: Regeldetail der Traufe mit Rinne (STZ-EGS)

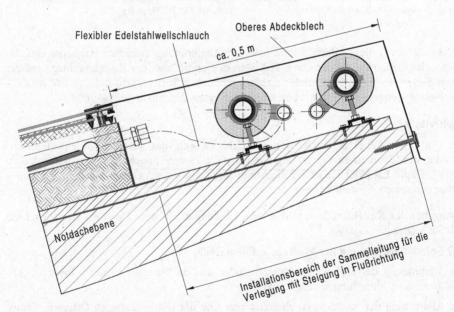

Abb. 4.13: Regeldetail des Firstes mit Verrohrung (SOLAR ROOF, Wagner)

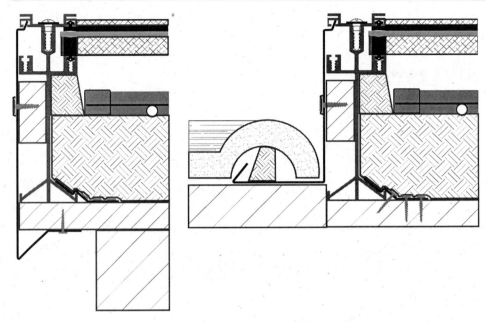

Abb. 4.14:   Regeldetail des Ort-   **Abb. 4.15:**   Regeldetail des Übergangs auf ein Ziegeldach
                 gangs (SOLAR ROOF,   (SOLAR ROOF, Wagner)
                 Wagner)

Die Planung der Kollektorflächen muß in enger Abstimmung zwischen Bauherrn und Architekten des Gebäudes auf der einen und Betreiber und Planer der Kollektoranlage auf der anderen Seite erfolgen. Es empfiehlt sich, zumindest nach der Fertigstellung der Ausführungsplanung Konzept und Details von allen Beteiligten abnehmen zu lassen.

Ausschreibung

Da es den „Normkollektor" nicht gibt, empfiehlt es sich, das gesamte Kollektorfeld einschließlich der feldinternen Verrohrung und Montage komplett auszuschreiben und anbieten zu lassen. Damit hat jeder Hersteller die Möglichkeit, für ein gegebenes Dach ein optimales Angebot mit seinem System zu erstellen.

Das Angebot des Kollektorfeldes umfaßt alle Leistungen auf dem Dach bis zum Anschluß an die Steigleitungen:

- Die Solarkollektoren mit der Montage auf dem Dach,
- die Verbindung der Kollektoren untereinander und die Sammelleitungen bis zum Anschluß an die Rohrleitungen zum Keller,
- die Abdichtung der Kollektoren untereinander und die Einblechung an Ortgang, Traufe und First bzw. am Übergang auf die konventionelle Eindeckung,
- Absturzsicherung und Schneefanggitter.

Als Randbedingungen für den Lieferumfang des Kollektorfeldes müssen mindestens die folgenden Daten angegeben werden:

- Abmessungen, Neigung und Orientierung der Dachflächen mit entsprechenden Zeichnungen,

- Durchfluß durch das Kollektorfeld insgesamt,

- maximaler Druckverlust im Kollektorfeld.

Der Anbieter muß folgende Unterlagen dem Angebot beifügen:

- Detaillierte Beschreibung des angebotenen Kollektors (Schnitte, Aufbau, Maße). Daraus muß auch die Funktion der Abdichtung hervorgehen.

- Leistungsmessung des Kollektortyps durch ein anerkanntes Prüfinstitut nach DIN 4757 Teil 4 oder einer vergleichbaren Prüfrichtlinie,

- Bauartzulassung für einen maximalen Betriebsdruck von 10 bar,

- Liste mit Referenzen ausgeführter Anlagen,

- Darstellung der Durchströmung des Kollektorfeldes mit rechnerischem Nachweis der gleichmäßigen hydraulischen Durchströmung,

- Darstellung der Kollektorbefestigung und Nachweis über die sichere Aufnahme der Wind- und Schneelasten.

In die Ausschreibungsunterlagen sollte auch eine Beschreibung der Gesamtanlage und ein detaillierter Zeitplan für die Ausführung des Gewerkes aufgenommen werden. Der Zeitplan muß die Schnittstellen mit anderen am Bau beteiligten Firmen aufzeigen, bei engen Zeitplänen ist es ratsam, eine Vertragsstrafe bei Verzug zumindest anzukündigen.

Außerdem muß in den Ausschreibungsunterlagen das Verfahren für die Bewertung der Angebote dargelegt werden. In der Regel wird nicht der Preis allein, sondern das Preis/Leistungsverhältnis des angebotenen Produktes das Vergabekriterium sein (vgl. Kap. 4.7).

Bei großen Kollektorflächen (über 500 m²) empfiehlt es sich, das Gewerk Kollektorfeld separat an Kollektorlieferanten bzw. –hersteller und die übrigen Gewerke der Rohrleitungen und Ausrüstung in der Heizzentrale an einen Heizungsbaubetrieb auszuschreiben. Bei kleineren Anlagen wird in der Regel nur eine Ausschreibung durchgeführt und alle Gewerke vom Heizungsbauer angeboten. Es kann jedoch auch bei kleineren Anlagen günstig sein, zusätzlich einige Angebote für das Kollektorfeld direkt von Kollektorherstellern einzuholen, insbesondere dann, wenn komplette Solardachelemente angeboten werden sollen. Diese Angebote sind oft günstiger als die Angebote der Heizungsbauer und allein der Satz „der Auftraggeber behält sich vor, das Los Kollektorfeld getrennt zu vergeben" wirkt in der Regel wettbewerbsfördernd, d. h. preismindernd. Falls dann tatsächlich getrennt vergeben wird, sollten beide Auftragnehmer vertraglich zusammengekoppelt werden, d. h. nach Möglichkeit sollte der Anbieter mit dem geringeren Auftragswert beim anderen im Unterauftrag tätig werden. Damit lassen sich Kompetenzstreit und Gewährleistungsprobleme vermeiden.

4.6.1.3 Kollektoranlage: Rohrleitungen und Ausrüstung in der Heizzentrale

Die beiden Gewerke der Rohrleitungen zwischen Kollektorfeld und Heizzentrale und der Anlagentechnik in der Heizzentrale selbst werden gemeinsam abgehandelt, da sie in den klassischen Bereich des Heizungsbauers fallen und häufig auch gemeinsam vergeben werden. Lediglich der Bau von erdverlegten Rohrleitungen wird oft an Spezialfirmen vergeben, wobei diese häufig auch die Leitungen für die Wärmeverteilung verlegen.

Im Normalbetrieb werden in Kollektoranlagen 120 °C nicht überschritten, d. h. die Anlagen könnten nach den einschlägigen Normen für Heißwasser-Heizungsanlagen gebaut werden. Bei Ausfall einer Pumpe, bei Unterbrechung der Wärmeabfuhr und Überhitzung des Speichers geht die Anlage jedoch in den sogenannten Stagnationszustand. Der Kollektor erhitzt sich bis zur Stagnationstemperatur (bei Flachkollektoren bis 200 °C, bei Vakuumröhren bis über 300 °C) und die Flüssigkeit im Kollektor beginnt zu verdampfen. Wenn der Ansprechdruck des Überström- oder Sicherheitsventils erreicht ist, tritt flüssiges und/oder gasförmiges Wärmeträgermedium aus (vgl. Kap. 4.4.2 und 4.4.3).

Die maximal mögliche Temperatur im Kollektor ist die Stagnationstemperatur. Sie wird im Rahmen des Kollektortests ermittelt. Der Kollektor muß die Stagnationstemperatur bis zum angegebenen Betriebsdruck (empfohlen 10 bar) ohne Schaden zu nehmen ertragen und erhält dafür die Bauartzulassung. Die übrigen Bauteile (Rohre, Pumpen, Wärmeübertrager, Ventile) sind in der Regel Standardkomponenten aus der Heiztechnik, sie sind für diese hohen Temperaturen nicht zugelassen. Es ist daher zweckmäßig, die Temperaturen in diesen Komponenten auf niedrigere Werte zu begrenzen. Die maximale Temperatur im System ist die Sättigungstemperatur des Wärmeträgermediums bei Abblasdruck (die Sättigungstemperatur von Wasser beträgt bei einem Betriebsdruck von 10 bar rund 180 °C). Sie hängt von der Entfernung zum Kollektorfeld und vom Abblasdruck des Überström- bzw. Sicherheitsventils ab:

- Hoher Abblasdruck (6 bis 8 bar) führt zu hoher Temperatur in Kollektor und Rohrleitungen (160 bis 170 °C) und zu kleinen Dampfmengen im Stagnationsfall, aber auch zu kleinen Wärmeleistungen (< 100 W/m² bezogen auf die Kollektorfläche). Alle Bauteile und Armaturen müssen auf die hohe Druckstufe ausgelegt werden.

- Niedrigerer Abblasdruck (4 bis 5 bar) reduziert die Temperatur beim Abblasen auf 140 bis 150 °C, führt jedoch zu doppelt so hoher Wärmeleistung und Dampfmenge und zu häufigerem und früherem Abblasen.

Es muß betont werden, daß die Vorgänge beim Abblasen einer großen Solaranlage stark von der Bauweise abhängen und noch nicht hinreichend genau untersucht sind. Wahrscheinlich sind die Temperaturen in den Rohrleitungen deutlich niedriger als die Sättigungstemperaturen beim Abblasdruck. Da dieser Sachverhalt jedoch nicht vollständig geklärt ist, sollte immer von den Sättigungstemperaturen als oberem Grenzwert ausgegangen werden. Bei sehr großen Anlagen mit ausgedehntem Rohrnetz können Druck und Temperatur durch dynamische Vorgänge (hoher Druckverlust in den Rohrleitungen beim Abblasen) durchaus auch über diese Werte ansteigen.

Als Richtwerte für die Materialwahl können bei einem Abblasdruck von 4,5 bar (Sättigungstemperatur von Wasser ca. 148 °C) folgende Temperaturen und Drücke gelten:

- Druckstufe des gesamten Systems PN 10,

- Maximaltemperaturen in Rohrleitungen kurzzeitig bis zu 150 °C,

- Maximaltemperaturen in Pumpen, Armaturen und Wärmeübertragern bis zu 140 °C.

Falls einige Armaturen (z. B. Wärmeübertrager und Pumpen) nicht für derart hohe Temperaturen zugelassen sind, müssen die Überström- und Sicherheitsventile so angeordnet werden, daß das heiße Fluid im Stagnationsfall nicht durch diese Armaturen strömen kann (Sicherheits- bzw. Überströmventile in Vor- und Rücklaufleitung einbauen).

Rohrleitungen

Bei Planung und Ausschreibung der Rohrleitungen müssen einige spezifische Aspekte berücksichtigt werden:

- Die Wärmedämmung muß die Sättigungstemperatur bei Ansprechdruck des Sicherheitsventils aushalten, Schaumstoffe sind dafür in der Regel nicht geeignet.

- Mineral- oder Steinwolledämmung im Außenbereich sollte nach Möglichkeit vermieden werden, da die Verkleidung mit verzinktem Stahlblech oder Aluminiumblech vor allem an den Anschlüssen nicht dicht ausgeführt werden kann, so daß Wasser in die Dämmung eintritt. Bei dachintegrierten Kollektorflächen sollten die Rohrleitungen mit Wärmedämmung unter der Blechverwahrung geführt werden. Bei aufgeständerten Kollektoren hat sich die Verwendung von vorab wärmegedämmten Fernwärmerohren (Kunststoffmantelrohren) bewährt, da diese mit entsprechenden wasserdichten Verbindungsteilen für Erdverlegung dauerhaft witterungsbeständig sind.

- Bei der Planung der Rohrleitungen ist darauf zu achten, daß die Wärmedehnungen im gesamten Temperaturbereich zuverlässig aufgenommen werden. Zu beachten ist insbesondere, daß die Rohrleitungen mehreren hundert Dehnzyklen mit Temperaturdifferenzen bis zu 80 K pro Jahr unterworfen sind, während bei Heizungsleitungen meist geringere Dehnwege und weniger Zyklen auftreten. Daher müssen Fixpunkte, Gleitpunkte und Dehnmöglichkeiten sorgfältig geplant und ausgeführt werden. Im Kollektorfeld müssen vor allem die Anschlüsse zwischen den Kollektoren (fest) und Sammelleitungen (beweglich) entsprechend flexibel ausgeführt werden (Edelstahl-Wellschläuche, hart eingelötet).

- Stahlrohrleitungen dürfen nur von geprüften Schweißern montiert werden, Kupferleitungen müssen hartgelötet werden; dies gilt insbesondere für die Verbindungen mit den Kollektoren.

- Fixpunkte im Steigstrang müssen einerseits „fix" sein, d. h. statisch ausreichend fest, andererseits müssen sie schallentkoppelt ausgeführt werden, damit sich keine Geräuschbelästigung im Haus durch sich bewegende oder gar schwingende (Abblasen) Rohrleitungen ergeben. Wichtig ist auch eine Kontrolle von Befestigung und Wärmedämmung der Rohre, ehe der Schacht verschlossen wird.

- In die Rohrleitungen zwischen Kollektorfeld und Sicherheitsventil dürfen keine Absperrarmaturen eingebaut werden. Sollten für den Bauablauf solche Armaturen benötigt werden, müssen sie hinterher zuverlässig gegen Schließen gesichert werden (Abbau des Handgriffs und Sicherung gegen Schließen).

4.6.2 Ausführungsplanung des Langzeit-Wärmespeichers

Da es sich derzeit bei allen Speicherbauwerken noch um Pilotanlagen handelt, muß in vielen Bereichen Neuland betreten werden. Die Technik der Langzeit-Wärmespeicherung befindet sich noch in der Entwicklungsphase. Es existiert kein Standardkonzept, die Wärmespeicher müssen für den jeweiligen Standort individuell geplant werden und sind darum oft Bestandteil eines Forschungs- und Entwicklungsprojektes. Zur Unterstützung bei der Ausführungsplanung werden in diesem Kapitel Hinweise zu kritischen Punkten und Fehlerquellen - gegliedert nach den verschiedenen Speichertypen - gegeben. Eine projektbezogene Planung durch qualifizierte Planer ist unumgänglich.

Nach Kenntnis der geologischen und hydrogeologischen Verhältnisse am Speicherstandort und unter Berücksichtigung der Randbedingungen (Projektgröße, zulässige maximale Erhebung über Geländeniveau, Genehmigung, Baukosten, etc.) wird der Speichertyp ausgewählt. Zur Festlegung des Speichervolumens und der Bauform müssen einerseits der Wärmebedarf und die thermophysikalischen Stoffwerte des Speichermaterials bekannt sein, andererseits auch eine Optimierung des A/V-Verhältnisses des Speichers sowie bautechnische Belange berücksichtigt werden. Das eingesetzte System zur Wärmeerzeugung und -verteilung bestimmt in hohem Maße den späteren Betrieb und damit auch die Auslegung des Wärmespeichers (z. B. Temperaturniveau, Lage).

Die dynamische Systemsimulation ist derzeit die einzige Möglichkeit, einen Langzeit-Wärmespeicher möglichst gut auszulegen. Voraussetzung hierfür ist das Vorliegen eines entsprechenden numerischen Modells für den jeweiligen Speichertyp.

Bei der Auswahl des Speicher- oder Baumaterials müssen vielerlei Eigenschaften berücksichtigt werden, wobei schon die Nichterfüllung einer Eigenschaft zum Ausschluß des Materials führen kann. Für viele Materialien ist die schwierigste Anforderung, daß sie in einem Langzeit-Wärmespeicher hoher Temperatur- (bis 95 °C) und Feuchtebelastung (Wasserspeicher) bei hohem Druck (im Erdreich) ausgesetzt sind. Zusätzlich müssen die eingesetzten Materialien eine Lebensdauer von 50 Jahren versprechen. Allgemein zu empfehlen ist, Abnahmekriterien und Garantieleistungen festzusetzen, die oftmals über die Anforderungen nach der Verdingungsordnung für Bauleistungen (VOB, 3 Jahre Haftung), nach dem Bürgerlichen Gesetzbuch (BGB, 5 Jahre) oder ähnlichem hinausgehen. Diese Kriterien und Leistungen sind vorzuschreiben oder in den jeweiligen Vergabegesprächen auszuhandeln. Sie sind für die Auswahl der Bieter und der Materialien von entscheidender Bedeutung.

Von den in Kap. 4.3.2.5 vorgestellten Konzepten wurden in Deutschland Heißwasser-Wärmespeicher (Rottweil /18/, Hamburg /19/, Friedrichshafen /20/), Kies/Wasser-Wärmespeicher (Stuttgart /21, 22/, Chemnitz /23/, Augsburg /24/), ein Erdsonden-Wärmespeicher (Neckarsulm /25/) und ein Aquifer-Wärmespeicher (Berlin /26/) realisiert. Die ersten Pilotanlagen zur Langzeit-Wärmespeicherung von Solarenergie auf hohem Temperaturniveau (bis 95 °C) sind in Deutschland seit 1996 in Betrieb. Informationen zur Wärmespeicherung können auch dem BINE-Informationspaket „Wärmespeicher" /27/ entnommen werden.

Heißwasser-Wärmespeicher

Für den Bau eines Heißwasser-Wärmespeichers bestehen die Aufgaben der Ausführungsplanung in der Auswahl der Materialien des Tragwerkes (falls nicht Kavernen oder Stollen genutzt werden), der wasserdichten Auskleidung und der Wärmedämmung sowie in der Dimensionierung. Möglichkeiten der Ausführung und Anhaltswerte zur Materialauswahl sind in Tab. 4.8 zusammengestellt.

Tab. 4.8: Möglichkeiten der Ausführung von Heißwasser-Wärmespeichern und Anhaltswerte zur Materialauswahl /28/

Tragwerk	• Stahlbehälter • Erdbecken, d. h. natürliche Baugrube • Beton (Stahlbeton oder Hochleistungs-Beton) • glasfaserverstärkter Kunststoff
	Zu beachten: Statischer Druck, Wasseraufnahme durch temperaturbedingte Volumenänderung, Temperaturgradient entlang und quer zum Bauteil, Feuchtebelastung, Auskristallisation
Auskleidung	• ohne Auskleidung, da wasserdampfdichtes Tragwerk • Kunststofffolie • Stahl- oder Edelstahlblech
	Zu beachten: Alterungsbeständigkeit, hoher Diffusionswiderstand, Temperaturbeständigkeit, elastisches Dauerverhalten, Unempfindlichkeit gegen mechanische Beanspruchungen, Resistenz gegenüber Speichermedium, leichte Herstellung und zuverlässige Dichtheit der Verbindungsnähte
Wärmedämmung	• Mineral- oder Glaswolle • Schaumglas (Schaumglasschotter) • Blähglasgranulat • PUR
	Zu beachten: Temperaturbeständigkeit, Verhalten bei Durchfeuchtung, Druckfestigkeit

Eine geringes Aushubvolumen spart Kosten, d. h. die Formgebung sowie die maximal zulässige Erhebung über Geländeniveau beeinflussen die Baukosten. Der Aushub sollte um den Speicher verteilt und gegebenenfalls nach der Errichtung des Tragwerkes auf der Deckelfläche wieder angeschüttet werden, um den teuren Abtransport zu vermeiden.

Für den Wärmeaustausch ist im Speicher eine Ladewechseleinrichtung einzusetzen, die eine Temperaturschichtung gewährleistet. Mögliche Konstruktionen sind: Radialauslässe, Doppelrohrauslässe, Schlitzauslässe mit und ohne Diffusor, Rohrstutzen mit Prallteller sowie Schichtbeladeeinrichtungen. Die Verrohrung im Wärmespeicher ist auf ein Mindestmaß zu reduzieren, um Vermischungen durch Wärmeübertragungsvorgänge zu verhindern.

Kies(Erdreich)/Wasser-Wärmespeicher

Bei diesem Speicherkonzept muß, wie bei den Heißwasser-Wärmespeichern, eine wasserdichte und möglichst auch wasserdampfdichte Abdichtung sowie eine geeignete Wärmedämmung eingesetzt werden. Dabei gilt für die Materialauswahl und die Auslegung auch das im vorigen Kapitel gesagte (vgl. Tab. 4.8).

Die Temperaturen liegen hier gewöhnlich tiefer (50 bis 60 °C) als beim Heißwasser-Wärmespeicher. Eine Temperaturschichtung ist relativ einfach aufrechtzuerhalten. Zur Berechnung der Speicherkapazität und der Wärmeausbreitung ist es wichtig, neben der Masse die spezifische Wärmekapazität des Speichermaterials und seine Wärmeleitfähigkeit zu kennen. Hinweise zur Berechnung von Kies/Wasser-Wärmespeichern können /22/ entnommen werden. Für Kies/Wasser-Gemische ist die Beachtung der Porosität und der Permeabilität empfehlenswert, da sie Aufschluß über die Wasserkonvektion im Speicher und damit über die Leistungsfähigkeit der Be- und Entladung geben. Für Kies/Wasser-Wärmespeicher kann ein direkter Wasseraustausch vorgesehen werden: er ist billiger, da Rohreinbauten wegfallen und energetisch günstiger, da die Temperaturdifferenz am Wärmeübertrager entfällt.

Bei Erdreich/Wasser-Wärmespeichern muß das Wärmeträgermedium (Wasser oder Wasser-Frostschutz-Gemisch) in Rohren geführt werden. Vorteile dieser Speicher sind geringe Baukosten, da der Erdaushub auch als Speichermasse dient und eine kurze Herstellungszeit, da die Verlegung der Rohre und die Wiederbefüllung der Baugrube in einem Arbeitsgang erfolgen kann. Es ist auf reichlichen Wassergehalt der Speichermasse zu achten, weil eine Austrocknung um die Rohre zu erhöhten Wärmeübergangswiderständen führt.

Die Bauform dieser Speicher kann allen bauseitigen Gegebenheiten angepaßt werden. Um auch das gesamte Speichervolumen wirklich zu nutzen, ist auf die Anordnung der Ladewechseleinrichtungen zu achten. Optimierungsrechnungen sind kompliziert, so daß lediglich Abschätzungen möglich sind.

Erdsonden-Wärmespeicher

Aus der Abschätzung des benötigten Speichervolumens auf Basis der thermophysikalischen Stoffwerte des Untergrunds und dessen hydrogeologischen Eigenschaften ergibt sich eine grobe Bauform. Diese ist aus der nutzbaren Speichertiefe und der Querschnittsfläche des Wärmespeichers bei Berücksichtigung des A/V-Verhältnisses zu erhalten. Der Bohrlochabstand, der Durchmesser der Bohrungen und der Sonden, der Sondentyp und das Sondenverfüllmaterial hängen wiederum von den Stoffwerten des Speichermaterials ab. Da sich die einzelnen Größen gegenseitig beeinflussen, wird empfohlen, das thermische Verhalten des Wärmespeichers numerisch zu simulieren. Die dabei möglichen Parametervariationen lassen Aussagen über den Einfluß der einzelnen Größen zu. Außerdem kann so die Speicher- und Sondengeometrie optimiert werden.

Die Wahl des Sondenmaterials und der Sondengeometrie erfolgt nach dem vorherrschenden Druck und der Temperatur über die Zeitstandfestigkeit. Die Verfüllung der Bohrlöcher muß einen guten Wärmetransport zwischen Sonde und Speichermaterial ermöglichen. Als geeignetes Material hat sich z. B. eine Mischung aus Bentonit, Sand, Zement und Wasser bewährt.

Aquifer-Wärmespeicher

Die Wärmespeicherung in Aquiferen auf hohem Temperaturniveau (> 60 °C) ist bisher wenig erforscht. Jedoch stehen Basisinformationen zur Auslegung zur Verfügung, die in diversen Forschungs- und Entwicklungsvorhaben erarbeitet wurden bzw. aus der Geothermie bekannt sind. Der direkte Wasserentzug und die Zuführung von Wasser ins natürliche Erdreich beeinflußt die erzielbare Förderleistung und die Wasserqualität und ist damit entscheidend für die Anlagenauslegung. Veränderungen der Lösungsgleichgewichte der mineralischen Bestandteile der Wässer führen zu Veränderungen der geochemischen Eigenschaften des Untergrundes. Der Kontakt der Wässer mit Luft kann zu Ausscheidungen führen, daher muß das Wasser unter Umständen gefiltert und aufbereitet werden /29/. Hierbei sind bei den realisierten Aquifer-Wärmespeicher die meisten Probleme aufgetreten. Verstopfte Filter, Ablagerungen und Korrosion waren die Hauptgründe für Stillegungen des Betriebes. In Berlin wird gegenwärtig für den Reichstag ein Aquifer-Wärmespeicher etwa 300 m unter GOK errichtet.

4.6.3 Ausführungsplanung des Nahwärmenetzes und der konventionellen Anlagentechnik (M. Ebel)

Je nach Auslegung der Kollektoranlagen einer solarunterstützten Nahwärmeversorgung müssen ca. 50 % des Wärmebedarfs von einer konventionellen Wärmeerzeugungsanlage produziert werden. Eine detaillierte Betrachtung und Auslegung der konventionellen Anlagentechnik hat einen großen Anteil am Erfolg der geplanten Energieeinsparung durch die solare Unterstützung der Wärmeversorgung.

Das folgende Kapitel gibt einen Leitfaden für die Auswahl und Einsatzmöglichkeiten der notwendigen Komponenten sowie ihrer Abstimmung mit der Solaranlage. Weiterhin werden Hinweise zu den Rahmenbedingungen gegeben, die schon zu Beginn der Projektrealisierung zu beachten sind.

4.6.3.1 Ausführungsplanung der Heizzentrale

Die Heizzentrale ist das Zentrum einer solarunterstützten Nahwärmeversorgung. In ihr fließen alle Wärmeströme von Solarnetz, Wärmeverteilnetz und Speicherkreis zusammen.

Heizraum

Die Größe der Heizzentrale mit den erforderlichen Nebenräumen wird bestimmt von der Leistung und Aufteilung der Wärmeerzeuger und den zusätzlich erforderlichen Ausrüstungsgegenständen. Sie ist so groß vorzusehen, daß eine einwandfreie Montage, Bedienung und Wartung aller technischen Einrichtungen möglich ist. Heizzentralen mit geringer Wärmeleistung lassen sich häufig in Kellerräumen oder in Anbauten der geplanten Bebauung unterbringen, auf die kostenintensive Erstellung eines eigenständigen Gebäudes kann verzichtet werden. Die Schornsteinanlage kann optisch unauffällig in die Gebäudestruktur integriert werden. Erst bei großen Heizzentralen wird in der Regel ein eigenständiges Heizwerkgebäude notwendig, da das erforderliche Raumvolumen und die Raumhöhe häufig nicht in konventionellen Kellerräumen zur Verfügung stehen.

Für die bauliche Ausführung von Heizräumen gelten die jeweiligen Bauordnungen der Länder. Detaillierte Aussagen zur Planung und zum Bau von Heizzentralen enthält die VDI-Richtlinie 2050. Weiterhin zu berücksichtigen sind die Feuerungsverordnung (FeuVo), das Bundesimmissionschutzgesetz (BImSchG) sowie die technischen Anleitungen TA Luft und TA Lärm und die Arbeitsstättenverordnung.

Wärmeerzeugungsanlagen gelten nach den baurechtlichen Bestimmungen als Teile von Bauwerken, da sie mit diesen fest verbunden sind. Sie unterliegen daher grundsätzlich dem Genehmigungsverfahren des Baurechts. Ein weiteres Genehmigungsverfahren wird nötig, wenn die Gesamtfeuerungsleistung unter die Genehmigungspflicht der 4. Verordnung des BImSchG fällt (ab 10 MW Kesselleistung bei Gasfeuerung).

Technische Ausrüstung in der Heizzentrale

In der Heizzentrale sorgen Umwälzpumpen für den Transport des Heizwassers zu den Wärmeabnehmern und für eine Rückförderung zur Zentrale. Eine Druckhaltung stellt den Netzdruck ein, der auch bei Abschalten der Umwälzpumpen gehalten wird, damit es nicht zu einer Verdampfung des Heizwassers kommt. Eine Wasseraufbereitung sorgt für die ordnungsgemäße Qualität des Heizwassers.

Abb. 4.16 zeigt als Beispiel die 3-D-Ansicht der ausgeführten Wärmeerzeugungsanlage in Hamburg-Bramfeld.

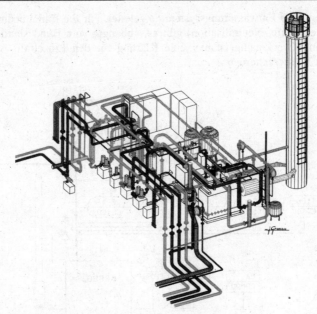

Abb. 4.16: Wärmeerzeugungsanlage in Hamburg-Bramfeld (HGC)

Kesselanlage

Die Wärmeverteilnetze von solar unterstützten Nahwärmesystemen werden in der Regel mit einer niedrigen Temperaturspreizung von 70/40 °C betrieben. Für die Nachheizung werden Kesselanlagen benötigt, die in der Lage sind, diese niedrigen Vorlauftemperaturen zu erzeugen, bei gleichzeitiger Unempfindlichkeit gegen niedrige Rücklauftemperaturen. Geeignet für diese Einsatzgebiete sind besonders Niedertemperatur- oder Brennwertkessel mit Gasfeuerung.

Niedertemperaturkessel sind Heizkessel, in denen die Temperatur des Heizwassers gleitend bis auf eine Temperatur von 40 °C abgesenkt werden kann. Sie sind konstruktiv so ausgeführt, daß während des Betriebes an den feuer- bzw. heizgasberührten Teilen keine Korrosion durch Kondensatbildung auftreten kann. Die Vorteile dieser Bauarten sind geringe Bereitschaftsverluste durch reduzierte Wärmeabstrahlung und geringe Abgasverluste, da sich die Abgastemperaturen mit den geringen Kesselwassertemperaturen ebenfalls verringern. Das Ergebnis sind Jahresnutzungsgrade bis zu 95 %.

Brennwertkessel ermöglichen weitere Verbesserungen des Jahresnutzungsgrades gegenüber Niedertemperaturkesseln. Beim Brennwertkessel wird das Abgas über einen integrierten oder nachgeschalteten Wärmeübertrager mit dem Rücklaufwasser des Heiznetzes bis unter den Taupunkt abgekühlt. Abhängig von der Heizwasser-Rücklauftemperatur kondensiert ein Anteil des im Abgas enthaltenen Wasserdampfes und die Verdampfungsenthalpie wird an das Heizwasser übertragen. Bezogen auf den Heizwert des Gases werden Nutzungsgrade bis zu 106 % erreicht. Das anfallende saure Kondensat wird in der Regel nach einer Aufbereitung in das öffentliche Entwässerungssystem eingeleitet. Für die Einleitbedingungen (erforderliche Rohrwerkstoffe, Neutralisation) gibt es, abhängig vom Bundesland, unterschiedliche Vorschriften. Zweckmäßig ist hier eine Klärung für den Einzelfall. Ansprechpartner sind die unteren Wasserbehörden.

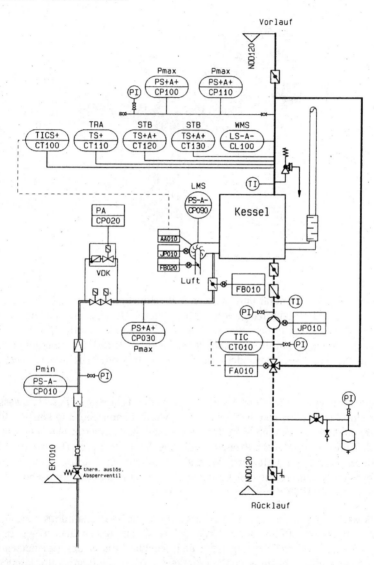

Abb. 4.17:   Sicherheitstechnische Ausrüstung einer Kesselanlage mit direkter Beheizung (HGC)

Für Heizkessel mit einer maximalen Vorlauftemperatur von 100 °C und einem zulässigen Betriebsdruck von 6 bar gilt die DIN 4702 „Heizkessel". In ihr sind die Anforderungen an Konstruktion und Werkstoffe geregelt. Weiterhin regelt die erste Verordnung des BImSchG (Verordnung über Kleinfeuerungsanlagen) die zulässigen Wirkungsgrade und Abgasverluste. Die sicherheitstechnische Ausrüstung von Wärmeerzeugungsanlagen muß gemäß DIN 4751 vorgesehen werden. Für geschlossene Heizungsanlagen mit einer maximalen Vorlauftemperatur bis 120 °C gilt das Blatt 2.

Bei Anlagen mit einer Leistung von mehr als 350 kW kann der drucklose Auffangbehälter einschließlich Abblaseleitung für das Sicherheitsventil entfallen, wenn doppelt ausgeführte Maximaldruck- (P_{max} im Vorlauf) sowie Temperaturbegrenzer (STB im Vorlauf) vorgesehen werden (Abb. 4.17).

Für die Druckhaltung von Wärmeerzeuger und Netz ist ein gemeinsamer Behälter ausreichend. Allerdings müssen dann alle Armaturen zwischen dem Einbindepunkt der Druckhaltung und dem Wärmeerzeuger gegen unbeabsichtigtes Schließen gesichert sein.

Brenner

In Verbindung mit Niedertemperatur- und Brennwertkesseln im Leistungsbereich über 100 kW werden in der Regel Gebläsebrenner eingesetzt. Bei Gasbrennern mit Gebläse wird das Brenngas über ringförmig angeordnete Lanzen gleichmäßig über den Brennerquerschnitt verteilt und mit Luft gemischt. Der Aufbau und die Funktion müssen entsprechend DIN 4788 „Gasbrenner" ausgeführt sein.

Die wichtigsten Bauteile eines Gebläsebrenners sind:

- Brennergebläse mit Antriebsmotor,

- Mischeinrichtung von Brenngas und Luft,

- elektrische Zündeinrichtung,

- Gasregel- und Sicherheitsabsperreinrichtungen.

Kessel mit einer Nennleistung von über 70 kW sind nach Heizanlagenverordnung (HeizAnV) mit Einrichtungen für eine mehrstufige oder stufenlos regelbare Feuerungsleistung vorzusehen, um einem für den Kesselnutzungsgrad ungünstigen Takten der Kesselanlagen entgegenzuwirken. Große Unterschiede des Wärmebedarfs im Sommer und Winter stellen hohe Anforderungen an den Regelbereich eines Brenners. Bei Gebläsebrennern sind stufenlos bzw. modulierend einstellbare Brennerleistungen über Verbundregelungen von Luft- und Gasmischung einfach zu realisieren. Verhältnisse von 1/6 bis 1/8 der Maximalleistung sind möglich.

Kesselabstufung

In der Regel wird die erforderliche Kesselleistung entsprechend dem Wärmebedarf zum Zeitpunkt der ungünstigsten Witterungsverhältnisse ausgelegt. Als Berechnungsgrundlage dient DIN 4701 „Regeln für die Berechnung des Wärmebedarfs von Gebäuden". Die zugrundegelegten Witterungsbedingungen treten jedoch nur an wenigen Tagen im Jahr auf. Zusätzlich wird ein Teil der benötigten Heizwärme über die Solaranlage gedeckt. Dies hat zur Folge, daß die meiste Zeit im Jahr die Kesselanlage im Teillastbereich betrieben wird. Die Kesselauslegung muß demnach auf den stark reduzierten Leistungsbedarf über eine lange Laufzeit im Jahr Rücksicht nehmen. Die erforderliche Leistungsbandbreite ist dabei häufig größer als der bei einem einzelnen Brenner zur Verfügung stehende Regelbereich. Ein häufiges Takten der Kesselanlage wäre dann nicht zu vermeiden.

Für den Anwendungsfall einer solarunterstützten Nahwärmeversorgung ist eine Doppelkesselanlage mit abgestufter Nennleistung sinnvoll. Der kleinere Sommerkessel sollte mit seinem Regelbereich die gegebenenfalls notwendige Nachheizung im Sommer und in der Übergangszeit abdecken. Die Summe beider Kessel sollte dann die Spitzenlast der Wärmeverbraucher decken können. Zusätzliche Vorteile besitzt eine Mehrkesselanlage für die Betriebssicherheit. Im Schadensfall eines Kessels steht zumindest ein Teil der Wärmeleistung zur Verfügung. Neben technischen können auch wirtschaftliche Gründe für eine Aufteilung der Kesselleistung sprechen. Für den Einzelfall sollte eine Wirtschaftlichkeitsbetrachtung nach VDI-Richtlinie 3808 „Energiewirtschaftliche Beurteilungskriterien für Heizungsanlagen" und VDI-Richtlinie 2067 „Berechnung der Kosten von Wärmeversorgungsanlagen" vorgenommen werden.

Abgasanlage

Abgase aus Feuerstätten müssen über geeignete Abgasanlagen über das Dach ins Freie abgeführt werden. Dort findet eine Durchmischung mit der Umgebungsluft statt. Die dadurch erzielte gute Verteilung hilft, die Immissionsbelastung im Umfeld der Wärmeerzeugungsanlage zu minimieren.

Die Abgasanlage besteht in der Regel aus dem Schornstein und einem Verbindungsstück zwischen Kessel und Schornstein. In den Abgaszug können Schalldämpfer zur Reduzierung der Verbrennungsgeräusche eingebracht werden.

Bei den für die Nachheizung eingesetzten Niedertemperatur- und Brennwertkesseln werden die Abgase so weit abgekühlt, daß ein ausreichender natürlicher Auftrieb zur Überwindung von rauchgasseitigem Kessel- und Abgasanlagenwiderstand nicht für alle Betriebsbedingungen gewährleistet ist. Für die Feuerung werden entsprechend mit Gebläse arbeitende Brenner verwendet, die zusammen mit dem noch vorhandenen natürlichen Auftrieb des Schornsteins für ein ordnungsgemäßes Funktionieren der Abgasanlage sorgen. Dabei kann jedoch ein Überdruck in der Abgasanlage entstehen. Eine druckdichte Ausführung des Gesamtsystems ist für diesen Fall unerläßlich.

Bei der Abführung der Abgase wird der Taupunkt in der Regel noch im Schornstein erreicht und ein Teil des im Abgas enthaltenen Wasserdampfes kondensiert aus. Deshalb müssen alle Bauteile der Abgasanlage feuchteunempfindlich ausgelegt sein.

Beim Neubau von Abgasanlagen müssen eine Reihe von Vorschriften beachtet werden, die in den Rechts- und Verwaltungsvorschriften des Bundes, der bauaufsichtlichen Bestimmungen der jeweiligen Bundesländer und in technischen Regelwerken festgelegt sind: Die grundsätzlichen Anforderungen an Abgasanlagen finden sich in den Bauordnungen der Länder (LBauO). Eine weitere Detaillierung wird in der Regel durch Verordnungen (FeuVo) vorgenommen. Die Bemessung der Abgasanlage muß nach DIN 4705 erfolgen, damit eine einwandfreie Funktion der Feuerungsanlage einschließlich der Abgasanlage gewährleistet ist.

Wasseraufbereitung in der Heizzentrale

Heizungsanlagen sind so auszulegen und zu betreiben, daß ein ständiger Eintrag von Sauerstoff in das Heizungswasser und schädliche Karbonatbildung verhindert werden.

Das Heizwasser selbst darf weder Korrosion noch Ablagerungen im Wärmenetz und an den angeschlossenen Anlagenteilen verursachen. Es ist salzarm bzw. teilenthärtet aufzubereiten. Zusatzwasser, mit dem im Betrieb Wasserverluste ausgeglichen werden, muß ebenfalls entsprechend aufbereitet sein. Die VDI-Richtlinie 2035 „Vermeidung von Schäden durch Steinbildung in Warmwasseranlagen" enthält Angaben über Art und Umfang der zu treffenden Maßnahmen. Die an die Wasserbeschaffenheit zu stellenden Anforderungen hängen von der Summe der Kessel-Nennleistungen und vom Volumen des eingefüllten Wassers ab. Bei Anlagen mit mehreren Heizkesseln ist für die Anforderungen an das Füll- und Ergänzungswasser die Betriebsweise beim Anfahren der Anlage zu berücksichtigen.

In vielen Wärmenetzen wird mit sehr gutem Erfolg vollständig entsalztes Wasser als Heizmedium verwendet. Mit abnehmendem Salzgehalt des Wassers können zunehmende Mengen an Sauerstoff toleriert werden, ohne daß es zu Korrosionserscheinungen kommt. Bei vielen größeren Anlagen wird zusätzlich der vorhandene Sauerstoff durch Zugabe von reduzierend wirkenden Chemikalien gebunden. Das früher in großem Umfang verwendete Hydrazin darf aufgrund der gesundheitsgefährdenden Wirkung nur noch dann eingesetzt werden, wenn keine geeigneten Ersatzstoffe zur Verfügung stehen. In einigen Bundesländern ist der Einsatz vollständig untersagt. Ersatzstoffe sind DEHA, MEKO oder Ascorbate. Eine weitere Alternative ist die Dosierung des Heizungswassers mit Polyaminen. Diese Stoffe bilden auf den benetzten Flächen einen Schutzfilm, der das Metall gegen Korrosion schützt (z. B. Helamin).

Pumpen in der Heizzentrale

Die Rohrwiderstände in der Kesselanlage sowie im Wärmeverteil- bzw. Solarnetz werden mit elektrischen Umwälzpumpen überwunden. Aufgrund der Abhängigkeiten zwischen Rohr- bzw. Bauteildimensionierung und den zu überwindenden Widerständen, lassen sich zur Auslegung der durchströmten Netze zwei grundsätzliche Tendenzen erkennen:

- Bei kleinen Rohrleitungsdurchmessern sind preisgünstige Netze und Anlagen zu erhalten, man muß dagegen höhere Betriebskosten für den größeren Aufwand an elektrischer Antriebsenergie zur Überwindung des größeren Widerstandes in Kauf nehmen.

- Bei großen Durchmessern sind die Investitionskosten für die Anlage und das Netz höher, demgegenüber stehen geringere Betriebskosten.

Der Kompromiß aus Investitions- und Betriebskosten muß für jede Pumpenauslegung im Einzelfall geprüft werden. Je besser die Rohrnetzkennlinie bekannt ist, desto genauer kann die Pumpe auf den tatsächlichen Bedarf hin ausgelegt werden. In Wärmeerzeugungsanlagen kleiner und mittlerer Leistung bis zu einem Rohrdurchmesser von DN 100 werden überwiegend Rohreinbaupumpen verwendet. Erst für größere Leistungen haben Normpumpen mit getrenntem Pumpenaggregat und Antriebsmotor ihren Einsatzbereich.

Verschiedene Hersteller bieten **Doppelpumpen** an, bei denen zwei Pumpen in einem gemeinsamen Gehäuse untergebracht sind. Jede Pumpe kann einzeln oder gleichzeitig mit der anderen betrieben werden. Auf diese Weise kann flexibel auf den erforderlichen Bedarf an Pumpenleistung reagiert werden: Die Einbaukosten sind vergleichbar mit denen einer Einzelpumpe. Zusätzlich erhöht sich die Betriebssicherheit, da bei Ausfall einer Pumpe zumindest noch ein Teil der Gesamtleistung zur Verfügung steht. Die Förderleistung der Netzumwälzpumpen muß für den maximalen Leistungsbedarf gemäß der Wärmebedarfsberechnung der Gebäude ausgelegt werden.

Die Praxis im Betrieb von Heizungsanlagen zeigt, daß der Auslegungslastfall nur sehr selten auftritt. Die Heizungsanlage arbeitet fast ausschließlich im Teillastbetrieb. Hinzu kommt, daß in Verbindung mit den üblichen Aufschlägen in der Rohrnetzberechnung ohnehin zu große Pumpenleistungen ermittelt werden. Parallel dazu erfolgt beim Heizbetrieb noch eine Drosselung des Volumenstromes durch die eingesetzten Thermostatventile oder durch manuelle Eingriffe der Wärmeabnehmer. Der hydraulische Betriebspunkt des Heizungssystems variiert dementsprechend stark.

Nur mit **leistungsgeregelten Pumpen** ist die Anpassung der Pumpen an den tatsächlichen Bedarf sicherzustellen. Die bedarfsabhängige Leistungsregelung wird üblicherweise über stufenlose Drehzahlanpassung über Frequenzumrichter realisiert. Das Regelsignal wird mit einer Differenzdruckmessung am hydraulischen Schlechtpunkt des Netzes erzeugt. Diese Ausführung bietet die Gewähr, daß eine unmittelbare Reaktion auf Laständerungen erfolgt und immer die an den Bedarf der Heizungsanlage angepaßte Pumpenleistung zur Verfügung steht.

Beachtet werden muß weiterhin, daß sich mit Einsatz eines anderen Wärmeträgermediums als Heizwasser sowohl die Pumpenleistung als auch der Rohrnetzwiderstand ändert. Wasser-Glykol-Gemische in Kollektoranlagen besitzen eine größere Zähigkeit (Viskosität), die zudem stark temperaturabhängig ist. Das veränderte Verhalten muß in die Pumpenauslegung eingehen.

4.6.3.2 Ausführungsplanung des Wärmeverteilnetzes

Der Ausführungsplanung der Trassenführung für das Wärmeverteilnetz müssen Überlegungen zur Realisierung des Netzkonzeptes vorausgehen. Es müssen Pläne über die Lage und den Leistungsbedarf der Wärmekunden, über Oberflächen, Baumbestand und Bodenverhältnisse sowie Auszüge aus dem Grundbuch zur Klärung der Eigentumsverhältnisse vorhanden sein. Die örtliche Lage der Wärmeerzeugungsanlage zu den Wärmeabnehmern bestimmt die Dimensionierung des Netzes. Bei Neubaugebieten muß mit dem Erschließungsträger und den Grundstückseigentümern eine Einigung über die Trassenführung erzielt werden. In der Regel wird im Rahmen einer übergreifenden Erschließungsplanung die Koordination der verschiedenen Versorgungsträger vorgenommen. Schon zu Beginn der Baumaßnahme sollten die einzelnen Ausbaustufen ermittelt und so festgelegt sein, daß Teilinbetriebnahmen von Netzabschnitten möglich sind.

Bei unterirdischer Verlegung werden die Baukosten durch Bodenbeschaffenheit, Art der Gelände- und Straßenoberfläche, Maßnahmen zum Schutz vorhandener Anlagen und durch erforderliche Umgehungen fremder Leitungssysteme beeinflußt. Die erforderliche Verlegetiefe bestimmt wesentlich die Baukosten. Aus wirtschaftlichen Gründen ist eine möglichst geringe Tiefe anzustreben, um Aushub-, Verbau-, und Montagekosten niedrig zu halten. Moderne Wärmenetze werden heute in Flachverlegung ausgeführt. Die Versorgungsleitungen erhalten eine Erdüberdeckung von ca. 0,8 m. Bei Hausanschlußleitungen wird die Erdüberdeckung auf 0,6 m reduziert. Die Verlegung wird dem Gelände angepaßt vorgenommen und nach Fertigstellung in der Höhenlage eingemessen. Die zwangsläufig entstehenden Hochpunkte werden nachträglich mit Entlüftungsmöglichkeiten versehen.

Die realisierbare Tiefenlage wird jedoch beeinflußt durch auftretende Verkehrslasten, Lage von Leitungen anderer Versorgungsträger und Art der Oberflächen. Werden Leitungen mit geringer Überdeckung in Straßen verlegt, müssen Einflüsse durch den Verkehr wie Erschütterungen und Schwingungen bei der Netzauslegung berücksichtigt werden. Besonders für die Leitungsverlegung im öffentlichen Verkehrsraum ist mit Leitungen anderer Versorgungsträger zu rechnen. Dies betrifft Leitungen der Gas-, Wasser- und Stromversorgung sowie Entwässerung und Telefon. In die Planungen eines Wärmenetzes müssen die Bestandspläne und Neubauplanungen der anderen Versorger einfließen. Sollten dennoch bei Baubeginn Unklarheiten über die Lage einzelner Fremdleitungen bestehen, ist die Situation durch Suchschlitze zu klären, die meist von Hand gegraben werden müssen.

Von den im Straßenraum vorhandenen Versorgungsleitungen ist ein ausreichender Mindestabstand zu wahren. Die Vorgaben sind bei den zuständigen Versorgungsträgern zu erfragen. DIN 1998 enthält Angaben über die Aufteilung des öffentlichen Straßenraumes. In Absprache läßt sich jedoch häufig eine günstigere Trassenführung finden.

Rohrmaterial für Wärmenetze

Grundlegend für die Materialauswahl sind die im Netz auftretenden Temperaturen. Im Zusammenhang mit solar unterstützten Nahwärmesystemen werden meist Niedertemperaturnetze betrieben, deren Vorlauftemperatur in der Regel 75 °C nicht überschreitet.

Für diesen Temperaturbereich sind zur Zeit die am Markt verfügbaren **Kunststoffmantelrohrsysteme** wirtschaftlich konkurrenzlos günstig (Abb. 4.18). Als Kunststoffmantelrohre werden Rohrkonstruktionen bezeichnet, die aus einem Mediumrohr aus Stahl, einem Schutzrohr aus homogenem Kunststoff und einer Wärmedämmung aus geschäumtem Kunststoff zusammengesetzt sind. Das Mantelrohr besteht in der Regel aus Polyethylen, der Schaum aus Polyurethan. Das Mediumrohr und das Mantelrohr sind über die Wärmedämmung kraftschlüssig miteinander verbunden. Zwei Mantelrohrenden werden mit Muffen verbunden. Die Muffen werden vor dem Verschweißen des Mediumrohres über das Mantelrohr geschoben und nach Beendigung der Schweißnaht über der Nahtstelle fixiert und ausgeschäumt.

Abb. 4.18: Kunststoffmantelrohr (HGC)

Von verschiedenen Herstellern werden komplette Rohrsysteme angeboten, die alle für ein Verteilnetz erforderlichen und schon wärmegedämmten Formteile und Armaturen enthalten. Auf kostenintensive Schachtbauwerke kann nahezu vollständig verzichtet werden. Sonderkonstruktionen von Abzweigungen können mit Montagemuffen angeschlossen und nachträglich wärmegedämmt werden.

Das Kunststoffmantelrohr unterliegt durch Erwärmung und Abkühlung des Mediums sowie durch äußere Einflüsse starken Belastungen. Einen Teil der äußeren Kräfte aus Erd- und Verkehrslasten trägt das Mantelrohr. Der Rest wird von der Wärmedämmung auf das Mediumrohr übertragen.

Durch Temperaturänderungen ausgelöste Längenänderungen der Rohre verursachen eine Verlagerung des Rohrsystems. Im eingegrabenen Zustand wird die Längenänderung durch die auftretenden Reibungskräfte zwischen Mantelrohr und Erdreich erschwert. Auf einem Teil der Trasse bleibt die Leitung eingespannt (Haftbereich) und auf einem weiteren bewegt sie sich (Gleitbereich). Um die zulässigen Belastungen nicht zu überschreiten, sind in Abständen Richtungswechsel in der Trasse vorzusehen. Zur Aufnahme der Bewegungen im Bereich von Richtungswechseln werden Dehnungspolster aus PE-Schaum eingesetzt. Eine weitere Möglichkeit zur Reduzierung der auftretenden Belastungen ist ein thermisches Vorspannen des Rohrsystems. Vor Verfüllung des Rohrgrabens wird durch Erwärmung des Rohres eine Ausdehnung des Systems erzeugt. Im warmen Zustand wird der Rohrgraben verfüllt und die Rohrleitung eingespannt.

Nach Erstellung des Verlegeplans ist eine statische Berechnung des Rohrsystems anzufertigen. Für die Standard-Anwendungsfälle sind die zulässigen Parameter von den jeweiligen Systemherstellern zu erfragen. Für komplexere Netze bieten die Hersteller in der Regel Unterstützung bei der statischen Berechnung an. Neben der Temperaturbelastung und der Trassenführung geht auch die Überdeckung in die Berechnung mit ein.

Die in Niedertemperaturnetzen auftretenden Vorlauftemperaturen von 75 °C sind weit vom maximal zulässigen Einsatzbereich der Kunststoffmantelrohre entfernt. Eine zeit- und kostenintensive thermische Vorspannung ist in der Regel nicht notwendig. Bei den heute üblichen, eng bebauten Wohngebieten werden Richtungswechsel in den Trassen weit vor Erreichen der maximal zulässigen Verlegelängen notwendig. Zusätzliche Dehnungsschenkel müssen in der Regel nicht vorgesehen werden.

Für den späteren Betrieb von Wärmenetzen ist das schnelle Auffinden von Schadensstellen in der Wärmedämmung bzw. Undichtigkeiten im Rohrsystem von Bedeutung. Für Kunststoffmantelrohre stehen Netzüberwachungs- und Leckortungssysteme zur Verfügung, mit denen Schadstellen zuverlässig registriert und eingemessen werden können. Die erforderlichen Überwachungsdrähte werden während der Herstellung der Rohre in die Wärmedämmung eingesetzt.

Seit einiger Zeit drängen **flexible Rohrsysteme** für Niedertemperatursysteme auf den Markt. Bei diesen wird das glatte Stahlrohr für das Medium durch andere Rohrformen oder Materialien ersetzt. Besonders Systeme mit gewelltem Mediumrohr aus Kupfer oder Stahl sowie glatten Rohren aus vernetztem Polyethylen werden zunehmend angeboten. Beide Systeme haben große Vorteile in der Verlegung. Da sie auf Rollen geliefert werden, reduziert sich die Zahl der kostenintensiven Verbindungselemente. Die Trassen können frei den Gegebenheiten angepaßt werden. Auf die beim Kunststoffmantelrohr planungsbestimmende statische Berechnung kann verzichtet werden, da die Systeme unempfindlich gegen auftretende Spannungen sind. Den Vorteilen in der Verlegung stehen jedoch hohe Kosten gegenüber. Die verfügbaren Rohrdimensionen sind auf den kleineren Bereich bis DN 80 beschränkt. Zusätzlich müssen bei Wellrohrsystemen höhere Reibungsverluste des Wärmeträgers in Kauf genommen werden, die zu höheren Betriebskosten führen.

Die Auswahl des Rohrsystems muß anhand der Rahmenbedingungen speziell für das geplante Baugebiet geprüft werden. Ein guter Kompromiß aus technischer und wirtschaftlicher Sicht kann eine Mischung verschiedener Rohrsysteme sein. Eine Verlegung der Versorgungsleitungen mit einem Stahlmantelrohr und der Hausanschlüsse mit einem flexiblen Rohrsystem vereinigt die Vorteile der verschiedenen Systeme und vermeidet viele Nachteile.

4.6.3.3 Wärmeübergabestationen für solar unterstützte Nahwärmenetze

Bei einer Wärmeversorgung ist die Hausstation das Bindeglied zwischen Wärmenetz und Hausinnenanlage. Die Hausstation umfaßt die Wärmeübergabestation (Abb. 4.19) für die vertragsgemäße Bereitstellung der Wärme hinsichtlich Druck, Temperatur und Volumenstrom sowie die Hauszentrale mit ihren für die Heizwärme- und Warmwasserversorgung erforderlichen Bauteilen.

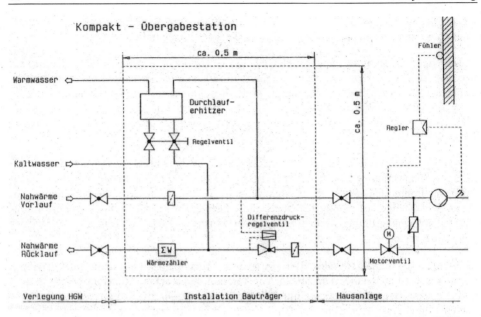

Abb. 4.19:   Übergabestation in Hamburg-Bramfeld, Warmwasserbereitung im Durchflußprinzip (HGC)

Die Wärmeübergabestation enthält:

- Armaturen zur Trennung der Hauszentrale vom Wärmenetz,

- Wärmemengenzähler,

- Wassermengenbegrenzer zur Einstellung der zur Verfügung stehenden Wärmeleistung,

- Differenzdruckregler zur Einstellung und Regelung des vom Wärmeverteilnetz zur Verfügung gestellten Netzdruckes für die Hausanlage,

- Bypass zur Einstellung des Wassermengenbegrenzers,

- Manometer und Thermometer.

Die Hauszentrale enthält:

- Absperrarmaturen im Vor- und Rücklauf,

- Mischventil mit Temperaturregler zur Regelung der Vorlauftemperatur,

- Umwälzpumpe mit Rückschlagklappe,

- Manometer und Thermometer,

- Warmwasserbereitung.

In beiden Teilen der Übergabestation sind weiterhin noch Komponenten der sicherheitstechnischen Ausrüstung nach DIN 4751 und DIN 4747 enthalten. Die Ausrüstung ist abhängig von der Art der Wärmeübergabe vom Wärmenetz zur Übergabestation. Man unterscheidet Stationen mit direktem und indirektem Anschluß an das Versorgungsnetz (vgl. Kap. 4.3.). Neue Hausinnenanlagen sind entsprechend der Netzdruckstufe PN 6 unproblematisch für die Auslegung.

Bei solarunterstützten Nahwärmesystemen erfolgt die Warmwasserbereitung über die Wärmeversorgung. Das Brauchwarmwasser wird ganzjährig benötigt und sorgt im Sommer für eine Teilwärmelast. Der Anschluß kann ebenfalls direkt oder indirekt an das Wärmenetz erfolgen. Für die Brauchwasserspeicherung gibt es am Markt konventionelle Speicher oder Speicherladesysteme. Für Ein- und Zweifamilienhäuser ist auch eine Warmwasserbereitung im Durchflußprinzip ohne Speicher möglich. Für die Ausrüstung von Brauchwasser-Erwärmungsanlagen gelten DIN 4708 „Zentrale Wassererwärmungsanlagen" und DIN 4753 „Wassererwärmer für Trink- und Betriebswasser" sowie das AGFW-Merkblatt „Anforderungen an Wassererwärmer in Fernwärmenetzen". Besonders zu beachten ist DIN 1988 „Technische Regeln für Trinkwasserinstallationen", damit die nicht unproblematische Schnittstelle Heizungswasser-Trinkwasser der Norm entsprechend ausgelegt wird.

Bei Niedertemperaturnetzen steht für die Warmwasserbereitung nur eine geringe Vorlauftemperatur zur Verfügung. Um das Auftreten von Legionellen zu vermeiden, sind die DVGW-Arbeitsblätter W 551 und 552 „Technische Maßnahmen zur Verminderung von Legionellenwachstum" anzuwenden. Für Vorlauftemperaturen unter 60 °C kann ausschließlich auf eine Warmwasserbereitung im Durchflußprinzip ohne Speicher zurückgegriffen werden.

Bereits bei der Planung eines Gebäudes muß in Übereinstimmung mit dem Versorgungsunternehmen ein geeigneter, abschließbarer und dem Personal des Versorgers zugänglicher **Hausanschlußraum** vorgesehen werden. Der Anschlußraum ist mit einer Kaltwasserzapfstelle, einer Bodenentwässerung, einer Belüftungsmöglichkeit und einer ordnungsgemäß installierten Stromversorgung (VDE 100) auszustatten.

Der Raum sollte mit einer Schwelle versehen sein, damit angrenzende Räume vor ausgetretenem Wasser geschützt sind. Es sollte darauf geachtet werden, daß die Hausübergabestationen nicht unmittelbar neben Schlafräumen liegen, da eine Geräuschentwicklung nicht in allen Betriebssituationen auszuschließen ist. In jedem Fall sollte bei der Bauausführung auf eine gute Schallisolierung geachtet werden.

Für die Auslegung von Hausanschlußräumen gelten:

- Technische Anschlußbedingungen des Versorgungsunternehmens,

- DIN 18012 „Hausanschlußräume",

- VDI-Richtlinie 2050 „Heizzentralen",

- Technische Richtlinien für Hausanschlüsse an Fernwärmenetze (AGFW).

Kosten für den Wärmeanschluß eines Gebäudes entstehen zu einem erheblichen Teil durch die aufwendige Installation der Hausstation. Um sie zu reduzieren, werden für Einfamilien- und kleinere Mehrfamilienhäuser vermehrt vorgefertigte **Kompaktübergabestationen** eingesetzt. Die gesamte Übergabestation wird werkseitig auf einer Rahmenkonstruktion vorgefertigt. Der Montageaufwand vor Ort reduziert sich auf den Anschluß von Wärmenetz und Hausinnenanlagen. Die Lieferprogramme vieler Hersteller lassen die individuelle Anpassung der benötigten Stationen an die ortsspezifischen Rahmenbedingungen zu.

4.6.4 Ausführungsplanung der Regeltechnik

Bei großen, solar unterstützten Nahwärmeanlagen wird man in der Regel eine gemeinsame Meß-, Steuer- und Regeltechnik für Solaranlage, Nachheizung und Wärmeverteilung auf DDC-Basis wählen (DDC: Digital Data Control). Diese Technik erlaubt neben der flexiblen Konfiguration der Anlage die Aufzeichnung von Meßdaten.

Umfangreiche Regelanlagen, die speziell für solar unterstützte Nahwärmesysteme mit Langzeit-Wärmespeicher verwendet werden, ermöglichen zudem die Archivierung von Meßdaten sowie ihre graphische Auswertung und die Darstellung des momentanen Anlagenzustandes in einem vereinfachten Schema, in dem die Meßwerte eingeblendet werden. Außerdem ist mit diesen Systemen eine Fernüberwachung über Telefonleitungen möglich.

Eine DDC-Regelung ist aus folgenden Grundkomponenten aufgebaut:

- Profilschiene, auf der die Baugruppen montiert werden,

- Netzteil,

- CPU,

- Ein- und Ausgabegruppen.

Die Ein- und Ausgabegruppen können jeweils digital, analog oder impulsverarbeitend sein. Oft stehen zusätzlich noch unterschiedliche Busanbindungen sowie Schnittstellen (meist seriell) zur Verfügung.

Alle Baugruppen sind über einen internen Rückwandbus miteinander verbunden. In vielen Fällen ist der Einsatz eines Bussystems zu Datenübertragung zwischen den Prozeßkomponenten ratsam. Als allgemeiner Standard wird vielfach der sogenannte Profibus verwendet. Die Montage ist einfach, da die Baugruppen auf die Profilschiene montiert und über den Busverbinder mit der benachbarten Baugruppe verbunden werden. Dabei gelten keine Steckplatzregeln, die Adressen der Eingänge sind durch den Steckplatz vorgegeben. Verdrahtet werden die Baugruppen über einen Frontstecker. Meist stehen verschiedene Zentralbaugruppen zur Verfügung. Je nach Menge der Ein- und Ausgangsgrößen und Anzahl der Regelkreise wird eine passende CPU ausgewählt.

Programmierung der Regeltechnik

Am Markt verfügbare DDC-Systeme werden in der Regel mit Hilfe von Softwarebausteinen programmiert, die übliche Komponenten und Regelalgorithmen enthalten. Für Solaranlagen müssen eigene Bausteine erstellt werden, was mit entsprechenden Kosten und Risiken verbunden ist. Es empfiehlt sich, die verfügbaren Softwarebausteine für die Regelung der konventionellen Bauteile (Kesselregelung, Vorlauftemperaturregelung) zu nutzen und eigene Regelalgorithmen sparsam einzusetzen (Kosten, Risiko).

Die Programmierung der DDC-Regelung erfolgt mit dem Programmierwerkzeug des Regelungslieferanten und wird meist von diesem ausgeführt. Es deckt alle Phasen des Erstellungsprozesses eines Anwenderprogramms ab, wie z. B.:

- Parametrieren der Baugruppen,

- Programmieren der Programmbausteine,

- Laden und Testen des Programms,

- Beobachten aller Ein- und Ausgangsgrößen der Steuerung,

- Verwalten, Dokumentieren und Archivieren der Daten.

Bedienung

Die Bedienung der Anlage erfolgt durch eine Eingabeoberfläche. Die Anzeige- und Bedienmöglichkeiten können relativ frei gewählt und den jeweiligen Betreiberwünschen angepaßt werden. Auch der Anschluß eines Leitsystems auf PC-Basis ist möglich. Dieses ermöglicht eine ausführliche Visualisierung der Systemzustände. Ebenso kann eine Historie auf dem Prozeß-PC gebildet werden. Eine Auswertung und Optimierung der Anlagendaten ist möglich. Die aufgezeichneten Daten können exportiert werden.

Regelung der Solaranlage

Die Regelung der Solaranlage ist einfach ausführbar. In Kap. 4.4.4 ist als Beispiel die Regelung einer Solaranlage mit Kurzzeit-Wärmespeicher beschrieben. Allgemein hat sich folgendes bewährt:

- Der Kollektorkreis wird strahlungsabhängig eingeschaltet (z. B. bei Überschreiten von 150 W/m²), der Sekundärkreis wird dann zugeschaltet, wenn die Temperatur des vom Kollektorfeld kommenden Wärmeträgers höher ist als die kälteste Systemtemperatur (unten im Wärmespeicher oder im Wärmerücklauf). Damit bei sehr niedrigen Außentemperaturen kein Frostschaden im Solar-Wärmeübertrager auftreten kann (Temperatur der Solarflüssigkeit < 0 °C), muß dieser durch eine entsprechende Schaltung geschützt werden (z. B. Einschalten der Sekundärkreispumpe, wenn die Eintrittstemperatur in den Wärmeübertrager auf der Kollektorseite kleiner als 5 °C ist).

- Die Abschaltung beider Kreise erfolgt, wenn keine Wärme mehr geliefert werden kann, d. h. wenn die kälteste Systemtemperatur nur noch wenig kälter ist als die vom Kollektor gelieferte Temperatur. Nicht so günstig ist eine alleinige strahlungsabhängige Abschaltung des Primärkreises, da auch bei sehr niedrigen Strahlungswerten noch Wärme im Kollektorkreis gespeichert ist, die dann nicht mehr genutzt werden kann.

Die Regelung kann mit etwas höherem Aufwand verfeinert werden, wobei allerdings der Energieertrag nicht oder nicht wesentlich steigt:

- Die Pumpe im Sekundärkreis der Solaranlage (zwischen Solarwärmeübertrager und Speicher) sollte wenigstens zweistufig betrieben werden können, zusätzlich zum normalen

Durchfluß mit einem erhöhten Durchfluß. Dadurch läßt sich die Temperatur im Sekundärkreis reduzieren und bei hohen Systemtemperaturen die Abschaltung aufgrund von Überhitzung im Speicher hinausschieben (vgl. Kap. 4.4.4).

• Die Durchflüsse im Kollektor- und Sekundärkreis können so geregelt werden, daß eine bestimmte Solltemperatur mit der Solaranlage erzielt wird (z. B. 70 °C). Regeltechnisch einfach ist hierzu die Regelung des Durchflusses im Sekundärkreis (entspricht einer Leistungsregelung beim Brenner), schwieriger ist die Nachführung des Durchflusses im Kollektorkreis. Da die Durchflußregelung den Normaldurchfluß ohnehin nicht um mehr als ±30 % variieren sollte (Hydraulik, Leistungsverlust bei geringer Einstrahlung), kann der Kollektorkreis auch mit konstantem Durchfluß betrieben werden.

Bei Anlagen mit Kurzzeit-Wärmespeicher ist es günstig, wenn der Heizkessel den oberen Teil des Solarspeichers mit nutzen kann. Vor allem in Zeiten mit geringer Wärmeabnahme läßt sich dadurch das Betriebsverhalten des Kessels deutlich verbessern und die Regelung vereinfachen.

Für die Regelung gilt hier noch mehr als in allen anderen Bereichen „möglichst einfach und auf Bewährtes zurückgreifen", da der Aufwand bei der Inbetriebnahme stark mit der Komplexität und Anzahl der neuen Softwarebausteine steigt.

4.6.5 Ausführungsplanung der Sicherheitstechnik

Die Problematik bei der Einstufung von Solaranlagen als Dampfkessel wurde bereits bei den vorigen Projektphasen erläutert. Gegenwärtige Praxis ist die Einstufung der Solaranlagen als Dampfkessel der Gruppe III der Dampfkesselverordnung im Rahmen einer Ausnahmegenehmigung, da das Volumen der Anlage größer als 50 l ist. Die einschlägigen Vorschriften bezüglich Material nach den TRD müssen eingehalten werden, darauf sollte in der Ausschreibung explizit hingewiesen werden.

Da Solaranlagen nach dem Stagnationsfall wieder automatisch in Betrieb gehen sollen, darf das Entleeren bei Überdruck nicht durch das Sicherheitsventil erfolgen, sondern durch ein parallel angeordnetes Überströmventil, das bei etwa 0,5 bar geringerem Druck als das Sicherheitsventil öffnet. Die Wiederbefüllung darf erst dann erfolgen, wenn die Temperatur im Kollektor so weit abgesunken ist, daß die Beanspruchung des Materials durch Dampfschläge nicht kritisch wird. Das Überströmen und die Wiederinbetriebnahme laufen folgendermaßen ab:

• Bei Überhitzung entweder im Speicher oder am sekundärseitigen Austritt aus dem Wärmeübertrager werden die Pumpen des Solarkreises abgeschaltet.

• Druck und Temperatur im Kollektorkreis steigen an, bis das Überströmventil öffnet und Fluid ausströmt. Je nach Anlagenkonzept und –geometrie wird der Wärmeträger flüssig und/oder gasförmig abgeblasen.

• Solange Solarstrahlung auf die Kollektorfläche ansteht, herrscht im Kollektor Stagnationstemperatur und in den Rohrleitungen maximal die Sättigungstemperatur beim Ansprechdruck des Überströmventils.

- Bei abnehmender Strahlung beginnt der Dampf zu kondensieren und der Druck sinkt. Bei Unterschreiten des Minimaldrucks (statische Höhe zuzüglich 0,5 bar) im Kollektorkreis beginnt die Füllpumpe wieder Wärmeträgerfluid in das System zu fördern, bis der Maximaldruck erreicht ist (ca. 0,5 bar unterhalb des Ansprechdrucks des Überströmventils). Je nach Strahlung und Wärmekapazität des Kollektors kann die Kondensation so rasch erfolgen, daß sich sogar bei laufender Füllpumpe ein Unterdruck im System einstellt.

- Die Umwälzpumpe im Kollektorkreis bleibt bis zum nächsten Tag gesperrt, um das Risiko von Dampfschlägen im Kollektorfeld und Rohrsystem zu vermeiden.

4.7 Vergabe

Die Entscheidung, welche der anbietenden Firmen für das jeweilige Gewerk den Zuschlag bekommt, wird der Auftraggeber unter Beratung der Fachplaner treffen. Zur Vorbereitung der Vergabeentscheidung sind die aufgrund der Leistungsverzeichnisse erstellten Angebote rechnerisch und technisch zu prüfen. Ergebnis der Angebotsprüfung ist eine Rangliste für die mögliche Vergabe. Für das Nahwärmenetz und die konventionelle Anlagentechnik ist diese Rangliste durch eine einfache Aufreihung der Gesamtkosten unter Beachtung der Gleichheit der Angebote sowohl nach Inhalt wie auch Qualität zu erstellen.

Angebote zur Solaranlage lassen sich nicht so einfach bewerten, da die angebotenen Kollektoren in der Regel unterschiedliche Leistungsdaten aufweisen. Die Vergabe sollte nach dem Preis-Leistungsverhältnis erfolgen. Dieses wird folgendermaßen ermittelt:

- Im Planungsprozeß (in der Regel in der Entwurfsplanung) wird die Anlage mit Standard-Kollektorkennwerten in einem Simulationsprogramm abgebildet und damit die Wärmelieferung unter Standard-Klimadaten berechnet. Die Simulationsrechnungen dienen auch zur Dimensionierung der Anlagenkomponenten Kollektorfeld und Wärmespeicher.

- Mit den Kennwerten der angebotenen Kollektoren (Fläche, Wärmeverlustkoeffizienten und optischer Wirkungsgrad) wird der solare Energieertrag für jedes der Angebote bzw. zumindest für diejenigen Angebote ermittelt, die in die engere Wahl kommen.

- Anschließend wird das Preis-Leistungsverhältnis als Quotient zwischen dem Angebotspreis und der gelieferten Wärmemenge berechnet.

Das wirtschaftlich günstigste Angebot ist das mit dem niedrigsten Preis-Leistungsverhältnis. Das Angebot, das alle Forderungen erfüllt, sollte zur Vergabe vorgeschlagen werden. Das Ergebnis der Simulationsrechnungen kann auch als Grundlage für eine Ertragsgarantie dienen.

Vor der Auftragsvergabe müssen alle, bis zum Montagebeginn vom Anbieter zu erbringenden Leistungen fixiert und terminiert werden, z. B.:

- Lieferung von Ausführungsplänen und Abstimmung mit Architekten, Bauherren, Betreiber und Fachplanern,

- Teilnahme an der Abnahme des Kollektorunterbaus zusammen mit dessen Hersteller (Prüfung auf Maßhaltigkeit, Dachdichtheit etc.),

• Festlegung von Bauabschnitten, die vom Planer und gegebenenfalls auch vom Auftraggeber abgenommen werden müssen (Befestigungsmittel, Rohrleitungen und Verbindung der
  Kollektoren vor der Montage von Wärmedämmung und Verkleidungsblechen, Dicht-
  heitsprüfung).

4.8 Objektüberwachung

Die Objektüberwachung muß sicherstellen, daß nach Fertigstellung der Wärmeversorgungs-
anlage ein fehlerfreier Betrieb und eine Funktionsweise entsprechend den vom Planer vor-
gegebenen Spezifikationen gewährleistet ist. Es müssen dazu drei Phasen der Objektüberwachung unterschieden werden:

• Überwachung der Arbeiten während des Baubetriebs (Bauüberwachung),

• Inbetriebnahme und Abnahme der Anlage nach Fertigstellung,

• Überwachung der Anlage während der ersten Betriebsphase.

Die Montage von Kollektoren auf den Gebäuden bedeutet für die Bauträger einen erheblichen Eingriff in den gewohnten Bauablauf. Der bei der Erstellung von Wohnsiedlungen
heute übliche Kosten- und Termindruck läßt im Bauzeitenplan nur wenig Raum für ein
weiteres Gewerk. Die zu installierenden Kollektorfelder, ob dachintegriert oder auf das
Dach aufgesetzt, besitzen zahlreiche Schnittstellen zum konventionellen Gebäude, die mit
erheblichem Aufwand sowohl planerisch umgesetzt als auch in der Bauabwicklung betreut
werden müssen.

4.8.1 Bauüberwachung

Die Bauüberwachung soll sicherstellen, daß die Ausführung der einzelnen Arbeiten auf der
Baustelle so erfolgt wie sie vom Planer vorgegeben wurden. Bereits bei der Auftragsvergabe
sollte dem Auftragnehmer schriftlich mitgeteilt werden wie die Bauabwicklung und ihre
Überwachung erfolgt und welche Pflichten sich daraus für ihn ergeben (Ankündigung von
bestimmten Arbeiten, Abnahme von Arbeiten).

Besonderheiten für Solaranlagen ergeben sich vorrangig durch die relativ geringe Erfahrung
der meisten mitwirkenden Firmen. Daher sind bei großen Solaranlagen regelmäßige Bau-
stellenbesuche mindestens einmal pro Woche unbedingt durchzuführen. Daran sollten alle
Beteiligten teilnehmen (Bauleiter, Planer und Handwerker). Bestimmte Arbeiten dürfen erst
nach Freigabe durch den Planer durchgeführt werden. Die wichtigsten Kontrollpunkte sind
im folgenden aufgelistet:

• Sämtliche Materialien müssen auf ihre Eignung bezüglich Temperaturbeständigkeit und,
  soweit erforderlich, auf ihre Eignung nach den geltenden Richtlinien und Normen, insbesondere nach der Dampfkesselverordnung (vgl. Kap. 4.5) überprüft werden.

- Je nach Einbauart der Kollektoren gibt es unterschiedliche Dichtebenen der Dachkonstruktion. Bildet die Kollektorebene die Hauptdichtebene, sind alle darunterliegenden Dichtebenen separat abzunehmen. Eventuelle durch die Kollektormontage verursachte Beschädigungen an darunterliegenden Dichtebenen oder der bauseitigen Notdichtebene müssen festgehalten und behoben werden.

- Die Abdichtungen zwischen den Kollektoren und die seitlichen Blechverkleidungen sind auf korrekten Anschluß zu prüfen. Auch der optische Eindruck sollte hier geprüft werden.

- Die Dehnungskompensation der Kollektorfeldverrohrung muß überprüft werden. Sie sollte die einer Temperaturdifferenz von 200 K entsprechende Längenänderung aufnehmen können. Die Dehnungskompensation der im Gebäude verlaufenden Verbindungsleitungen zur Übergabestation sollte eine Temperaturdifferenz von 160 K ausgleichen.

- Dichtigkeitsprüfungen müssen schriftlich angemeldet werden, das Protokoll muß innerhalb von einigen Tagen nach Abschluß der Prüfung dem Planer vorgelegt und von diesem abgenommen werden. Erst danach darf die Wärmedämmung angebracht werden. Dichtigkeitsprüfungen dürfen bei Frostgefahr nicht mit Wasser durchgeführt werden. Sollte dies aus triftigen Gründen dennoch notwendig sein, müssen die Kollektoren und die Zuleitungen hinterher wieder vollständig entleert werden. Da dies nicht bei allen Kollektoren möglich ist, sollte grundsätzlich Luft für die Dichtigkeitsprüfung verwendet werden.

- Die Entlüftungsleitungen der Kollektorfelder sollten an einen gut zugänglichen Ort geführt sein.

- Rohrleitungen müssen vom Planer abgenommen werden, bevor Vormauerungen oder Wärmedämmung angebracht werden.

- Auf ausreichenden Schallschutz der Rohrleitungen ist zu achten. Es sollte z. B. auf eine Verlegung in sehr leichten Zwischenwänden oder -böden verzichtet werden.

- Die Wärmedämmung von Rohrleitungen ist (vor Schließen von Montageschächten) auf Vollständigkeit zu prüfen. Ebenso ist die Temperaturbeständigkeit des Dämmaterials und der Schutz vor eindringender Feuchte zu überprüfen.

- In der Übergabestation ist auf den korrekten Anschluß der Leitungen entsprechend dem Hydraulikschema zu achten. Das Überströmventil und die Ausblaseleitung müssen vom Kollektorfeld aus gesehen vor der ersten Absperrung liegen.

Sollten bei den Kontrollen Mängel festgestellt werden, ist es wichtig, diese in Form einer schriftlichen Mängelliste an alle Beteiligten und die Bauleitung weiterzuleiten. Mündliche Absprachen sind aus Gewährleistungsgründen nicht zu empfehlen.

4.8.2 Inbetriebnahme und Abnahme der Anlagentechnik

Bei der Abnahme der Anlage nach Fertigstellung der Arbeiten müssen sämtliche während des Baubetriebes festgestellten Mängel behoben sein. Neben der Kontrolle der bereits im vorigen Abschnitt angesprochenen Punkte müssen folgende Arbeiten durchgeführt werden:

- Anlüften der Sicherheitsventile,

- Einjustieren der Temperaturdifferenzregler auf die erforderlichen Werte,
- Abnahme der Kollektorfeld-Hydraulik im befüllten Zustand,
- Überprüfen aller Pumpen auf korrekte Funktion und Erreichen der erforderlichen Durch- flüsse,
- Einregulierung der Durchflüsse in den Kollektorkreisen,
- Test der Regelung bei Inbetriebnahme der MSR-Technik.

Bei der Abnahme der Kollektorfelder sollte ein Vertreter der Bauleitung anwesend sein, damit eventuelle Beanstandungen an den Schnittstellen zu anderen Gewerken vor Ort be- sprochen werden können.

4.8.3 Überwachung in der ersten Betriebsphase

Die endgültige Kontrolle der Anlagenfunktion kann erst im realen Betrieb erfolgen. Erst hier zeigt sich, ob die Regelung in den verschiedenen Betriebszuständen zuverlässig in der Art und Weise funktioniert, wie sie vom Planer festgelegt wurde. Auch die Voraussagen bezüg- lich der Erträge der Solaranlage können erst im Betrieb nachgeprüft und Abweichungen analysiert werden. Deshalb ist zu empfehlen, während der ersten Betriebsphase die system- relevanten Temperaturen und Durchflüsse mit hoher zeitlicher Auflösung (mindestens 10- Minuten-Mittelwerte) aufzuzeichnen und zu speichern, um damit die Betriebsweise und die Leistung der Anlage zu beurteilen. Erst wenn diese Inbetriebnahmephase erfolgreich abge- schlossen ist, kann die endgültige Abnahme erfolgen.

Der im Regelbetrieb durch die Solaranlage zusätzlich notwendige Betreuungs- und War- tungsaufwand ist normalerweise niedrig. Die erforderlichen Kontrollen können problemlos im Rahmen der üblichen Begehungen erledigt werden.

Probleme traten bei den bisher verwirklichten Anlagen im Zusammenspiel mit der konven- tionellen Wärmeverteilung auf. Bei nahezu allen Anlagen hat sich gezeigt, daß einige der an das Wärmeverteilnetz angeschlossenen Abnehmer die vorgesehenen Rücklauftemperaturen zum Teil erheblich überschritten. Niedrige Rücklauftemperaturen sind jedoch eine Grund- voraussetzung für hohe Kollektorerträge. Zudem mußte die Vorlauftemperatur an vielen kälteren Tagen um 5 bis 10 K über ihren Sollwert angehoben werden, um einer drohenden Unterversorgung der Wärmeabnehmer entgegenzuwirken. Wesentliche Fehlerursache ist bei fast allen näher untersuchten Gebäuden ein mangelhafter hydraulischer Abgleich der Heiz- kreise. Der zunehmende Preisdruck führt fast zwangsläufig zur Reduzierung der aufwendi- gen, für den Gesamterfolg der Anlage aber entscheidenden Inbetriebnahme- und Einregulie- rungsarbeiten. Ganz selten konnten grundsätzliche konstruktive Mängel entdeckt werden. Der Aufwand der Nachbesserungen nach Inbetriebnahme und Übergabe der Wohneinheiten an die Besitzer ist erheblich. Schnell wurde bei den bisherigen Anlagen deutlich, daß der Betreiber nur einen sehr begrenzten Zugriff und Einfluß auf die Hausinnenanlagen hat. Hier können Rücklauftemperaturbegrenzer Abhilfe bieten. Diese setzen nur sehr wenige Betrei- ber ein, da dann eine, aus Sicht der Kunden sichere Wärmeversorgung nicht mehr gewähr- leistet ist.

Der Einfluß der Netztemperaturen auf die Leistungsfähigkeit der Solaranlage (Solarertrag bzw. solarer Deckungsanteil) wurde bereits in Kap. 2.3 angesprochen. Eine mittels Computersimulationen durchgeführte Sensitivitätsanalyse zum solar unterstützen Nahwärmesystem in Friedrichshafen-Wiggenhausen hat gezeigt, daß eine Erhöhung der mittleren Netzrücklauftemperatur um 5 K gegenüber dem Auslegungsfall den solaren Nutzwärmeertrag um fast 10 % verringert. Eine Anhebung der durchschnittlichen Netzvorlauftemperatur um 5 K führt zu einer Reduktion um rund 3 %.

Die Einhaltung der erforderlichen Netztemperaturen kann nur durch eine intensive Information und Betreuung der Heizungsinstallateure vor und während der Bauphase erreicht werden. Gegebenenfalls sind die Abnahme- und Einregulierprotokolle der Wärmeversorgungssysteme der einzelnen Abnehmer einzufordern und zu kontrollieren.

4.8.4 Überwachung des Langzeit-Wärmespeichers

Das Vorgehen bei der Objektüberwachung von Langzeit-Wärmespeichern hängt stark vom Speichertyp ab. Hinzu kommt, daß noch keine umfassenden Erfahrungen vorliegen, da es sich bei den bisher verwirklichten Speichern ausnahmslos um Pilotspeicher handelt. Grundsätzlich sind jedoch, zumindest bei Behälterspeichern, neben der durch die großen auftretenden Temperaturgradienten bedingten komplexen Statik die Speicherdichtigkeit und die Wärmedämmung und deren Schutz vor Durchfeuchtung zentrale Problempunkte. Schweißverbindungen bei Metallauskleidungen wie sie derzeit bei Heißwasser-Wärmespeichern noch üblich sind, können z. B. durch Farbeindringverfahren und bei Kunststoffolien durch Doppelnähte, deren Zwischenraum abgedrückt werden kann, auf Dichtigkeit überprüft werden. Ist der Speicher trotz vorheriger Kontrollen nach der Befüllung nicht vollständig dicht, sollte schon im voraus die maximal zulässige Leckrate feststehen, ab der von der ausführenden Firma eine Nachbesserung verlangt wird. Konzepte zur Lokalisierung von Leckagen müssen bereits in die Speicherplanung einfließen.

4.9 Objektbetreuung und Dokumentation

Nachdem die Anlage als Ergebnis der Objektüberwachung abgenommen und die gegebenenfalls festgestellten Mängel beseitigt wurden, ist im weiteren Verlauf der Objektbetreuung die Anlage regelmäßig auf neu auftretende Mängel zu überprüfen und deren Beseitigung vor Ablauf von Verjährungsfristen zu veranlassen.

Die Objektdokumentation umfaßt die Erstellung von Revisionsunterlagen samt der Erstellung einer Inbetriebnahme-, Betriebs- und Wartungsanleitung. Diese Leistungen sollten ausgeschrieben bzw. vom jeweiligen Planer angefordert werden.

Konventionelle Wärmeversorgungsanlagen haben meist wenige festgelegte Betriebszustände, die im Rahmen einer Anlagenabnahme angefahren werden können, um die Einhaltung des ausgeschriebenen Regelablaufs sowie der Sollwerte etc. zu überprüfen.

Solaranlagen haben gegenüber der konventionellen Anlagentechnik eine weitaus größere Variabilität in ihren Betriebszuständen, vor allem durch die Abhängigkeit:

- des Kollektorertrages von der solaren Einstrahlung,
- des solaren Beitrags zum Wärmebedarf von der Lastgröße,
- des Betriebszustandes von dem der konventionellen Wärmeversorgung.

Eine vollständige Überprüfung aller möglichen Betriebszustände einer Solaranlage ist aus diesen Gründen im Rahmen einer Abnahme im allgemeinen nicht möglich. Daher ist eine detaillierte Objektbetreuung, insbesondere in den ersten Betriebswochen, unbedingt notwendig, um eine vollständige Abnahme der Solaranlage durchführen zu können. Unterstützt durch eine Meßdatenerfassung kann die Anlage zudem optimiert werden. Die Objektbetreuung mehrerer solar unterstützter Nahwärmesysteme hat gezeigt, daß nicht nur der solare Beitrag zur Wärmeversorgung optimiert werden kann, sondern daß durch eine detaillierte Meßdatenerfassung auch nicht erkannte Mängel der konventionellen Wärmeversorgung erkenn- und belegbar werden.

Im folgenden werden Möglichkeiten zur Objektbetreuung speziell des solaren Teils einer solar unterstützten Nahwärmeversorgung aufgezeigt.

4.9.1 Kurzzeitmessung zur Objektbetreuung

Eine Kurzzeitmessung der Anlagedaten soll die detaillierte Überprüfung der Solaranlage hinsichtlich folgender Merkmale ermöglichen:

- Übereinstimmung der Leistungsfähigkeit der installierten Bauteile mit den ausgeschriebenen,
- richtige Umsetzung des Regelkonzeptes,
- Einhaltung aller Sollwerte und Schaltpunkte,
- Optimierung der Regelabläufe.

Ist die zu deckende Wärmelast direkt nach Inbetriebnahme geringer als bei der Anlagenauslegung berechnet, oder unterscheiden sich die Betriebsbedingungen von den angenommenen (z. B. Aufwärmverhalten von Langzeit-Wärmespeichern), ist dies bei der Bewertung der gemessenen Größen zu berücksichtigen. Sollen Aussagen über die Leistung der Solaranlage getroffen werden, ist dies mit folgendem Verfahren möglich:

- Ermittlung und Beseitigung von Mängeln in der Anlagentechnik,
- Messung der realen Wärmelast- und Wetterprofile und des Solaranlagenertrages über eine kurze Zeitspanne (ca. 2 Wochen),
- Nachsimulation des Anlagenverhaltens und Validierung der Simulation,
- Simulation des Jahresertrags der Solaranlage für die realen sowie für die der Auslegung zugrundegelegten Wärmelast- und Wetterdaten,
- Vergleich der auf Basis der Auslegungsdaten erhaltenen Simulationsergebnisse mit den ggf. garantierten Werten.

4.9.2 Meßtechnik zur Kurzzeitmessung

Die Kurzzeitmessung von solar unterstützten Nahwärmesystemen soll einerseits möglichst detailliert Aufschluß über das Regelverhalten der Anlage sowie über die Qualität der Anlagenteile wie Wärmespeicher, Wärmeübertrager etc. geben, andererseits soll die dazu notwendige Meßtechnik so kostengünstig wie möglich sein.

Solare Nahwärmeanlagen mit Langzeit-Wärmespeicher werden auch in naher Zukunft detailliert vermessen. Die dafür notwendige Meßtechnik ist projektabhängig. Für solar unterstützte Nahwärmeversorgungen mit Kurzzeit-Wärmespeicher ist eine Messung folgender Größen ausreichend:

- Außentemperatur,
- Hemisphärische Solarstrahlung, möglichst in Absorberebene,
- Durchfluß bzw. Wärmeleistung im Solarkreis (zwischen Kollektorfeld und Pufferspeicher),
- Durchfluß bzw. Wärmeleistung im Kreis zwischen Pufferspeicher und der solar zu deckenden Wärmelast,
- alle Temperaturen, die in der Solaranlage und den Speichern als Regelgrößen verwendet werden.

Zusätzlich sind folgende Meßgrößen von Interesse:

- Je vier Temperaturen um die Wärmeübertrager der beiden genannten Kreise: primär- und sekundärseitig, Vor- und Rücklauftemperatur.

Soll die Anlage nachsimuliert werden, ist darauf zu achten, daß um die zu simulierende Systemgrenze all die Meßgrößen erfaßt werden, die für eine vollständige Energiebilanz notwendig sind. Hierzu ist z. B. die Wärmeleistung der konventionellen Wärmeerzeuger oder einer Zirkulationseinbindung in den zentralen Brauchwasserspeicher mit zu messen.

Um die konventionelle Anlagentechnik überprüfen zu können, sind folgende Größen zu messen:

- Durchfluß bzw. Wärmeleistung im Kesselkreis,
- Vor- und Rücklauftemperatur im Kesselkreis,
- Durchfluß bzw. Wärmeleistung im Nahwärmenetz,
- Vor- und Rücklauftemperatur im Nahwärmenetz.

Weitere Aufschlüsse können aus den Stellgrößen der Regelung erhalten werden.

Alle Meßdaten sollten minütlich abgefragt und abgespeichert werden. Schon bei der Bildung von Durchschnittswerten über 10 Minuten werden dynamische Effekte so stark reduziert, daß Regelprobleme nicht mehr mit Sicherheit erkannt werden können. Dynamische Regelvorgänge wie z. B. ein Überschwingen eines Regelkreises lassen sich bei minütlichen Momentanwerten erkennen, für genaue Analysen ist es jedoch zu empfehlen, den Meßzyklus auf 30 Sekunden zu verkürzen. Eine schnellere Abfragefolge der Meßdaten als ein mal pro Minute kann allerdings zu einer Verteuerung der Meßtechnik führen.

Im folgenden werden die möglichen Meßprinzipien erläutert.

Messung über Wärmemengenzähler mit Wärmeleistungsrechner

Eine der einfachsten und dadurch auch kostengünstigsten Meßmöglichkeiten besteht darin, die ohnehin zum Einbau empfohlenen Wärmemengenzähler (vgl. Kap. 4.10) zur Meßdaten-erfassung zu nutzen: Wärmeleistungsrechner erfassen jeweils den Durchfluß und die Temperaturen im Vor- und Rücklauf, um hieraus die Wärmeleistung zu berechnen.

Moderne Geräte bieten die Möglichkeit, die erfaßten Daten über Analogausgänge oder eine Schnittstelle auszulesen. Zusätzliche Meßgrößen sind wohl auch in naher Zukunft nicht auf die Wärmeleistungsrechner aufschaltbar. Dadurch muß diese Art der Meßdatenerfassung immer mit einer beschränkten Anzahl an meßbaren Größen auskommen.

Clamp-on-Meßtechnik

Eine von der Anlage völlig unabhängige Meßdatenerfassung ist nur durch Meßgeräte möglich, die ohne Eingriff in das hydraulische Rohrnetz auf die Rohre aufgesetzt werden („clamp on").

Temperaturen können mit Anlegefühlern oder durch Einschubfühler, die in die vorhandenen Tauchhülsen von z. B. Thermometern passen, gemessen werden. Durchflüsse können über Ultraschall-Durchflußmesser erfaßt werden. Eine Lösung zur Erfassung der für die Messung der Solaranlage notwendigen Wetterdaten wird derzeit in einem, gemeinsam vom ITW und ZAE Bayern durchgeführten Forschungsvorhaben erarbeitet.

Clamp-on-Meßtechnik ist wirtschaftlich nur dann sinnvoll, wenn mit einem Meßgerätesatz mehrere Anlagen vermessen werden können. Eine Meßdatenerfassung aufzubauen, die denselben Meßgrößenumfang wie das kombinierte Meß- und Regelverfahren ermöglicht, ist kaum möglich.

Meßwerterfassung über die Anlagenregelung

Wenn die gesamte Heizzentrale durch eine DDC-Kompaktstation geregelt wird, und es gelingt, alle erforderlichen Meßgrößen auf den Regler aufzuschalten und diese Daten über eine Schnittstelle auszulesen, ist diese Art der Meßdatenerfassung kostengünstig und jederzeit betriebsbereit (Abb. 4.20). Da die Anzahl der Reglereingänge die Menge der aufschaltbaren Meßgrößen begrenzt, ist gegebenenfalls auf die Messung bestimmter Werte zu verzichten.

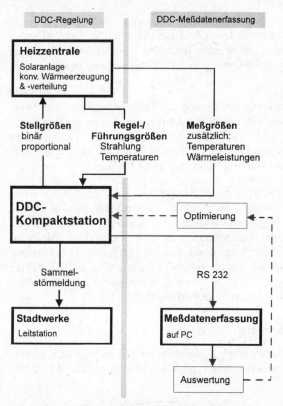

Abb. 4.20: Kombiniertes Regel- und Meßverfahren

In mehreren solar unterstützten Nahwärmesystemen mit Kurzzeit-Wärmespeicher (z. B. Schwäbisch Gmünd) wurde dieses Verfahren erprobt: Temperaturen werden mit den auf die DDC-Kompaktstation abgestimmten Fühlern des Reglerherstellers gemessen. Wärmeleistungen werden durch kostengünstige Wärmemengenzähler mit Flügelrad-Durchflußmesser und Rechenwerk erfaßt. Die Genauigkeit der Wärmeleistungsmessung liegt entsprechend der gesetzlichen Eichung der Wärmemengenzähler im 1 %-Bereich. Die in Absorberebene einfallende hemisphärische Solarstrahlung wird mit einem Pyranometer gemessen, das gleichzeitig zur Anlagenregelung genutzt wird.

Die Möglichkeit der Datenauslesung über eine serielle Schnittstelle ist noch verbesserungsfähig. Zur Zeit werden branchenweit jedoch vielversprechende Ansätze der Datenvernetzung und Datenkompatibilität entwickelt.

Immer mehr Einzelregler, die unabhängig voneinander den Solarkreis, Speicherladekreis, Kesselkreis etc. regeln, bieten die Möglichkeit, die gemessenen Regelgrößen über eine Schnittstelle auszulesen.

Built-in-Meßtechnik

Die umfangreichste und detaillierteste Meßdatenerfassung ist die sogenannte „built-in-Meßtechnik". Hierbei werden die Meßgeräte unabhängig von der Anlagenregelung zusätzlich in die Anlage eingebaut. Die Meßdatenerfassung erfolgt unabhängig vom Anlagenbetrieb über Scanner und Multimeter bzw. über PC-Meßkarten. Der Montage- und Wartungsaufwand ist, ebenso wie der Zeitbedarf zur Datenauswertung, sehr hoch. Diese Art der Meßdatenerfassung ist, im Vergleich zu den vorhergehenden, die teuerste. Sie wird verwendet, wenn über einen längeren Zeitraum, oft über mehrere Jahre, detaillierte, auch wissenschaftlich verwertbare Meßdaten erfaßt werden sollen. So werden z. B. die solar unterstützten Nahwärmeversorgungen mit Langzeit-Wärmespeicher durch built-in-Meßtechnik vermessen.

4.10 Langzeitüberwachung

Die Langzeitüberwachung einer solar unterstützten Nahwärmeanlage soll als Qualitätssicherungsmaßnahme den dauerhaften Betrieb der Wärmeversorgung gewährleisten. Ziel einer Langzeitüberwachung muß sein, den solaren Beitrag zur Wärmeversorgung zu maximieren und auf Dauer sicherzustellen.

Die meisten solar unterstützten Nahwärmeanlagen werden von Stadtwerken betrieben. Diese führen regelmäßige Kontrollgänge durch und überprüfen hierbei die Anlage auf ihre Funktionstüchtigkeit, indem sie die Temperaturen und Drücke anhand der Anzeigen kontrollieren und eine Sichtprüfung der Anlage durchführen. Undichtigkeiten in der Anlage, festsitzende Pumpen etc. sowie grobe Fehlfunktionen können hierdurch erkannt werden.

Langsam fortschreitende Alterungserscheinungen der Anlage wie z. B. verkalkte Wärmeübertrager, Defekte im Regelprogramm, ausgefallene Fühler, defekte Stellorgane und ähnliches können auftreten und sind bei langsam fortschreitender Änderung visuell nur sehr schwer erkennbar. Zur Sicherstellung der Wärmeversorgung sind, wie auch in jeder konventionellen Nahwärmeanlage, Störmeldungen etc. in die Regelung integriert. Diese berücksichtigen jedoch meist nicht, ob die an den Nutzer gelieferte Wärme von der Solaranlage oder der konventionellen Wärmeversorgung erzeugt wurde. Hier ist eine zusätzliche Überwachung des solaren Beitrags zur Nahwärmeversorgung erforderlich.

4.10.1 Meßgeräte zur Langzeitüberwachung

Zur Langzeitüberwachung der Solaranlage sollten keine aufwendigen und dadurch anfälligen Meßsysteme verwendet werden, sondern Geräte, die kostengünstig installiert und einfach abgelesen werden können.

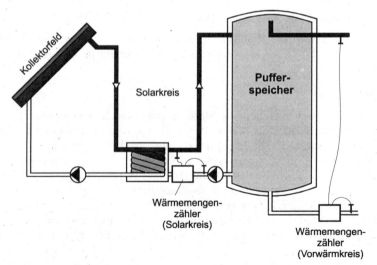

Abb. 4.21:   Langzeitüberwachung einer Solaranlage durch zwei Wärmemengenzähler

Es sind Wärmemengenzähler zu empfehlen, die in den Solarkreis und in den Kreis, der die solar gewonnene Wärme in die konventionelle Wärmeversorgung einspeist (Vorwärmkreis),installiert werden (Abb. 4.21). Diese beiden Geräte sollten gemeinsam mit der Anlage ausgeschrieben werden.

Der Wärmemengenzähler im Solarkreis ermöglicht die Überwachung des Kollektorfeldes und des Wärmeübertragers zum Pufferspeicher. Der zweite Wärmemengenzähler ist notwendig, um die Regelung zur Nutzung der solar gespeicherten Wärme sowie den gegebenenfalls hierfür notwendigen Wärmeübertrager zu überwachen.

4.10.2 Verfahren zur Langzeitüberwachung

Moderne Wärmemengenzähler zeigen neben der Wärmemenge auch die aktuellen Temperaturen sowie den aktuellen Durchfluß an und ermöglichen dadurch eine Kontrolle dieser Werte.

Die Überwachung des solaren Beitrages ist nicht einfach, da dieser von der eingestrahlten Solarenergie abhängt und diese sehr veränderlich ist. Eine regelmäßige, z. B. wöchentliche Notierung der Wärmemenge läßt unter Berücksichtigung des Wetters eine Bewertung des Anlagenzustandes zu und ermöglicht einen Vergleich mit den Auslegungswerten.

Wird ein Fehler in der Anlage vermutet, können die Momentanwerte der Durchflüsse und Temperaturen anhand der Anzeigen der Wärmemengenzähler, der eingebauten Thermometer und des Reglers überprüft werden.

Sind aufgrund dieser Überprüfungen die Probleme nicht erkenn- oder behebbar, sollte eine Kurzzeitmessung nach einem der im vorhergehenden Kapitel beschriebenen Verfahren durch eine hierin erfahrene Institution durchgeführt werden.

5 Projektbeispiele

Im Rahmen der am Institut für Thermodynamik und Wärmetechnik (ITW) bearbeiteten Forschungsvorhaben zur solar unterstützten Nahwärmeversorgung mit Kurz- und Langzeit-Wärmespeicher wurden die im folgenden beschriebenen Projekte ausgeführt. Die Beschreibungen sollen beispielhaft zeigen, wie die Technik solar unterstützter Nahwärmeversorgungssysteme umgesetzt werden kann.

5.1 Solar unterstützte Nahwärmeversorgung mit Kurzzeit-Wärmespeicher

5.1.1 Solar unterstützte Brauchwassererwärmung

Abb. 5.1:   Kollektorfeld mit 115 m² der Anlage Ravensburg I

Die Heizzentrale der solar unterstützten Nahwärmeversorgung **Ravensburg I** (Abb. 5.1) liefert für 29 Reihenhäuser Warmwasser und die Wärme zur Raumheizung durch ein 4-Leiter-Wärmeverteilnetz. Die Solaranlage unterstützt die Brauchwassererwärmung mit einem solaren Deckungsanteil von 45 %. Das Anlagenschema ist in Abb. 5.2 dargestellt.

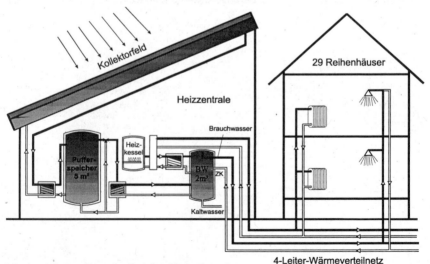

Abb. 5.2:   Anlagenschema des Projektes Ravensburg I

Die Solaranlage ist seit 1992 in Betrieb. Der Solarenergieertrag wurde auf der Basis von Messungen zu 443 kWh/(m²a) bestimmt. Die Investitionskosten für die gesamte Solaranlage betrugen einschließlich Planung 941 DM/m²$_{FK}$ (ohne MWSt.).

In der Wohnanlage Schillerstraße in **Schwäbisch Gmünd** werden 64 Wohneinheiten, die sich auf 5 Mehrgeschoßbauten aufteilen, über ein 4-Leiter-Wärmeverteilnetz zentral mit

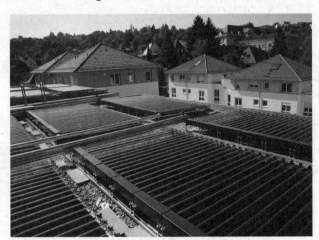

Wärme versorgt. Ein Kollektorfeld aus direktdurchströmten Vakuumröhrenkollektoren unterstützt die Brauchwassererwärmung (Abb. 5.3). Es ist auf zwei Flachdächer aufgeteilt und hat eine Aperturfläche von 97 m². Die einzelnen Absorber sind 20° gegen die Horizontale angestellt. Die Solaranlage wurde anhand von TRNSYS-Simulationen auf einen solaren Deckungsanteil von 41 % (Brauchwasser) ausgelegt. Das Anlagenschema entspricht dem in Abb. 5.2 mit dem Unterschied, daß der Wärmeübertrager vom Kessel

Abb. 5.3:   Kollektorfeld in Schwäbisch Gmünd

zum Brauchwasserspeicher in Reihe zum Wärmeübertrager vom Puffer- zum Brauchwasserspeicher geschaltet ist. Die Solaranlage ist seit 1996 in Betrieb. Auf Basis von Messungen wird für das Jahr 1998 ein Solarenergieertrag von 493 kWh/(m²a) prognostiziert. Die Baukosten der Solaranlage betrugen einschließlich Planung 1640 DM/m²$_{VR}$ (ohne MWSt.).

5.1.2 Kombinierte solar unterstützte Brauchwassererwärmung und Raumheizung

Die Heizzentrale der solar unterstützten Nahwärmeversorgung **Holzgerlingen** (Abb. 5.4) versorgt 56 Wohneinheiten in drei Mehrfamiliengebäuden durch ein 4-Leiter-Wärmeverteilnetz mit Warmwasser und Wärme zur Raumheizung. Die gewonnene Solarenergie wird in einen Pufferspeicher eingespeist, der, je nach Bedarf, die Brauchwassererwärmung oder die Raumheizung unterstützt.

Abb. 5.4:   Kollektorfeld mit 120 m² in Holzgerlingen

Der solare Deckungsanteil am Gesamtwärmebedarf ist auf 15,5 % ausgelegt. Das Anlagen-schema ist in Abb. 5.5 dargestellt. Der vom Planer errechnete Solarenergieertrag beträgt 480 kWh/(m²a), die Baukosten der Solaranlage betrugen einschließlich Planung 1187 DM/m²$_{FK}$ (ohne MWSt.).

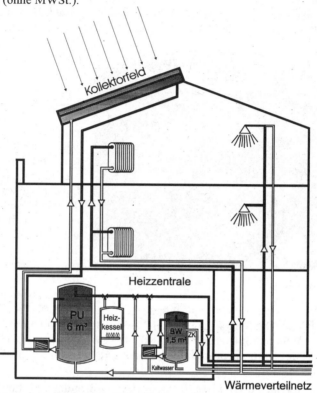

Abb. 5.5:   Anlagenschema des Projektes Holzgerlingen

5.1.3 Solare Vorwärmung des Nahwärmenetzes

Die vom Kollektorfeld der solar unterstützten Nahwärmeversorgung **Neckarsulm I** gewon-nene Solarenergie wird in einen Pufferspeicher eingespeist. Dieser liefert Energie in ein 2-Leiter-Wärmeverteilnetz, das ein Wohngebiet mit Wärme zur Raumheizung und Brauchwas-sererwärmung versorgt. Vom Kollektorfeld ist zur Zeit nur der erste Bauabschnitt mit 360 m² dachintegrierten Kollektoren installiert (Abb. 5.6). Die Heizzentrale (Abb. 5.7) befindet sich im Keller des Gebäudes, auf dem die Kollektorfelder montiert sind.

Im Endausbau soll die Solaranlage mit 700 m² Kollektorfläche 11 % des Gesamtwärmebe-darfs der Siedlung liefern. Der mit TRNSYS simulierte Solarenergieertrag beträgt dann 508 kWh/(m²a), die Baukosten der Solaranlage betrugen einschließlich Planung, ohne Spei-cher 599 DM/m²$_{FK}$ (ohne MWSt.).

Abb. 5.6: Kollektorfeld der Anlage Neckarsulm 1

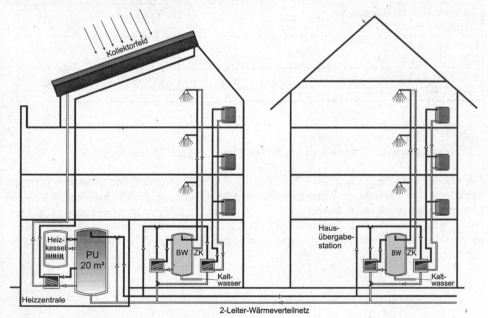

Abb. 5.7: Anlagenschema des Projektes Neckarsulm

Tab. 5.1 führt die Kennzahlen der Projekte mit Kurzzeit-Wärmespeicher auf.

Tab. 5.1: Technische Daten der Projekte mit Kurzzeit-Wärmespeicher

	Ravensburg I	Schwäbisch Gmünd	Holzgerlingen	Neckarsulm I
Versorgungsgebiet	29 Wohneinheiten in RH	64 Wohneinheiten in 5 MFH	56 Wohneinheiten in 3 MFH	330 Wohneinheiten 120 in RH / 210 in MFH
in Betrieb seit	1992	1996	1997	1994
beheizte Wohn-/ Nutzfläche in m^2	3678	3830	3920	30000
Gesamtwärmebedarf ab Heizzentrale in MWh/a	113,6 (BW)	110,8 (BW)	388,1 (BW+RW)	3250 (BW+RW)
Solaranlage: Absorberfläche in m^2 Speichervolumen in m^3	115 FK 5+2 (BW)	97 VRK 2,7+2 (BW)	120 FK 6+1,5 (BW)	700 FK 20
Wärmelieferung der Solaranlage in MWh/a	51 (Messung)	41 (Messung)	60 (Auslegung)	356 (Auslegung)
Solarer Deckungsanteil in %	44,9 (BW)	40 (BW)	15,5 (BW+RW)	11,0 (BW+RW)
Gesamtkosten der Wärmeversorgung in DM	624460	-	220327	2015000
Kosten der Solaranlage (ohne MWSt.) in DM	108200	159100	142400	419300
Solare Wärmekosten (ohne MWSt.) in Pf/kWh	21	39	23	12

5.2 Solar unterstützte Nahwärmeversorgung mit Langzeit-Wärmespeicher

Die ersten Großanlagen zur solar unterstützten Nahwärmeversorgung mit saisonaler Wärmespeicherung in Deutschland wurden im Herbst 1996 (Hamburg, Friedrichshafen) in Betrieb genommen bzw. folgen im Herbst 1998 (Neckarsulm II). Die Anlagen werden vom Institut für Thermodynamik und Wärmetechnik (ITW) der Universität Stuttgart detailliert vermessen. In Tab. 5.2 sind die wichtigsten technischen Daten der drei Projekte zusammengestellt.

Tab. 5.2:   Technische Daten der Großprojekte Hamburg, Friedrichshafen und Neckarsulm II

	Hamburg Bramfeld	Friedrichshafen Wiggenhausen	Neckarsulm (Amorbach) II
Versorgungsgebiet	124 Reihenhäuser	570 Wohneinheiten in 8 MFH	6 MFH, Schule, Altenwohnheim, Ladenzentrum
in Betrieb seit	1996	1996	1998
beheizte Wohn-/ Nutzfläche in m²	14800	39500	20000
Gesamtwärmebedarf ab Heizzentrale in MWh/a	1610	4106	1663
Solaranlage: Absorberfläche in m² Speichervolumen in m³ Speichertyp	3000 FK 4500 Heißwasser	5600 FK 12000 Heißwasser	2700 FK 20000 Erdsonden
Wärmelieferung der Solaranlage in MWh/a	789	1915	832
Solarer Deckungsanteil in %	49	47	50
Gesamtkosten Wärmeversorgung in Mio. DM	6,11	7,75	4,5
Kosten der Solaranlage in Mio. DM	4,33	6,3	2,9
Gesamtwärmekosten (ohne MWSt.) in Pf/ kWh	40,4	21,0	31,5
Solare Wärmekosten (ohne MWSt.) in Pf/kWh	50,2	31,1	33,7

Abb. 5.8:   Langzeit-Wärmespeicher in Friedrichshafen im Bau

Abb. 5.8 zeigt den Langzeit-Wärmespeicher in **Friedrichshafen** im Bau und in Abb. 5.9 ist das Anlagenschema zum Projekt dargestellt. Die von den Sonnenkollektoren gewonnene Wärme wird über das Solarnetz zur Heizzentrale transportiert und bei Bedarf direkt an die Gebäude verteilt. Die im Sommer anfallende Überschußwärme wird in den Langzeit-Wärmespeicher eingespeist und im Herbst und Winter zur Raumheizung und Brauchwassererwärmung genutzt. Die Kollektoren sind auf den Dächern der Wohngebäude montiert.

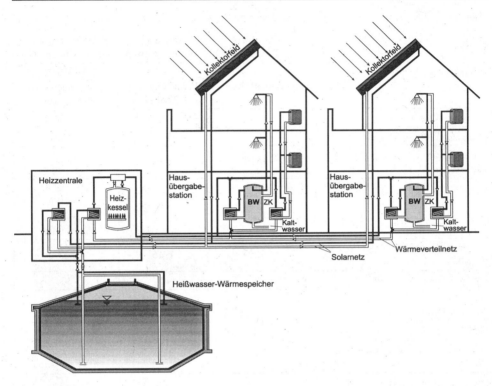

Abb. 5.9:   Anlagenschema des Projektes Friedrichshafen

Abb. 5.10:   Ansicht der Kollektorfelder in Hamburg

In **Hamburg-Bramfeld** wurden große Kollektormodule in die Dächer der Reihenhäuser integriert (Abb. 5.10), während in Friedrichshafen die Kollektoren auf den Flachdächern der Mehrfamilienhäuser größtenteils frei aufgestellt sind.

Auf der Grundschule in **Neckarsulm II** wurde ein Solardach realisiert. Hierbei wurde allerdings auf die integrierte Wärmedämmung verzichtet und das Solardach hinterlüftet montiert (Abb. 5.11).

Im Projekt Neckarsulm II wurde erstmals ein 3-Leiternetz installiert (Abb. 5.12): Der Anschluß der einzelnen Kollektorfelder erfolgt jeweils über einen Wärmeübertrager, der sekundärseitig an den Wärmenetz-Rücklauf und an den Solarnetz-Vorlauf angebunden ist. Eine Solar-Rücklaufleitung entfällt dadurch, im 3-Leiternetz strömt lediglich Wasser. Frostschutzmittel ist in diesem Fall nur in den einzelnen Kollektorkreisen, nicht jedoch im Nahwärmenetz notwendig.

Abb. 5.11: Kollektorfeld auf der Grundschule in Neckarsulm II

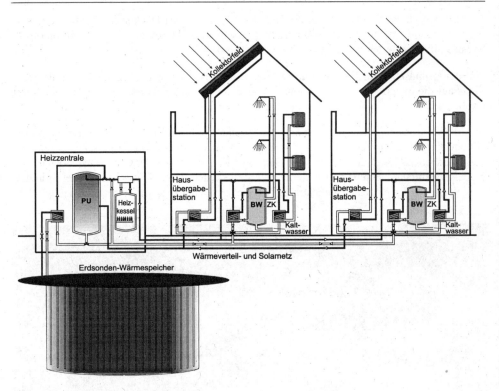

Abb. 5.12: Anlagenschema des Projektes Neckarsulm II mit 3-Leiternetz

Die **Erfahrungen** während der Planung und dem Bau der solaren Pilotanlagen mit Kurz- und Langzeit-Wärmespeicher haben gezeigt, daß aufgrund der für viele der Projektbeteiligten noch neuen und ungewohnten Technik hoher Informationsbedarf bestand und vermehrt kleinere Probleme auftraten. Es sind jedoch alle Anlagen ohne große Probleme in Betrieb gegangen. Die Solaranlagen funktionieren gut und zuverlässig und die Langzeit-Wärmespeicher erfüllen die in sie gesetzten Erwartungen. Allgemein hat sich gezeigt, daß besonders die konventionelle Anlagentechnik Probleme bereitete:

In Schwäbisch Gmünd war die Modulationsfähigkeit der Brennwertkessel-Leistung zu gering eingestellt, was zu häufigem Takten und dadurch zu einem schlechten Wirkungsgrad des Brennwertkessels führte. In Friedrichshafen waren fälschlicherweise Wärmeübertrager mit einer zu geringen Übertragungsleistung installiert. Durch einen Fehler in der Programmierung der Regelung war zusätzlich der Massenstrom zwischen dem Langzeit-Wärmespeicher und dem Wärmeübertrager zur Netzvorwärmung zu gering, wodurch die Entladeleistung des Wärmespeichers weiter reduziert wurde.

In fast allen Anlagen traten zu hohe Rücklauftemperaturen im Wärmeverteilnetz auf. Diese lagen z. B. in Friedrichshafen durch eine mangelhafte Einregulierung der hausinternen Heizungssysteme im Durchschnitt um 10-15 K höher als die anhand von Lastsimulationen ermittelten Werte. Die hohen Rücklauftemperaturen des Wärmeverteilnetzes (Monatsmittel bis zu 55 °C) führen einerseits zu hohen Speichertemperaturen und damit zu niedrigen Kollektorwirkungsgraden, andererseits kann der Wärmespeicher nicht auf die vorausberechneten niedrigen Temperaturen entladen werden. Dadurch kann ein Teil des Wärmeinhalts im Speicher nicht genutzt werden.

In Hamburg fielen durch einen Blitzeinschlag im Sommer 1997 die Regelungstechnik und die Pumpen aus. Am darauffolgenden, strahlungsreichen Tag ging die Solaranlage in Stagnation und blies ab. Mit diesem unfreiwilligen Stagnationstest konnte die Funktionsfähigkeit der Sicherheitseinrichtungen der Anlage überprüft werden. Nach der Instandsetzung der Regelungstechnik und der Wiederbefüllung des Solarnetzes konnte die Anlage wieder in Betrieb genommen werden.

Generell haben die ersten Betriebsergebnisse gezeigt, daß durch die Solaranlage und der damit verbundenen ausführlichen meßtechnischen Überwachung der Gesamtanlage bisher unerkannte Betriebsprobleme der konventionellen Anlagentechnik offen gelegt werden. Eine Optimierung des Solaranlagenertrags bedarf immer auch einer Optimierung der konventionellen Anlagentechnik.

6 Zusammenfassung und Ausblick

1992 ging in Ravensburg die erste solar unterstützte Nahwärmeversorgung mit Kurzzeit-Wärmespeicher in Betrieb, im Oktober 1996 die ersten beiden Pilotanlagen mit Langzeit-Wärmespeicher. Die beim Bau der ersten Anlagen aufgetretenen Probleme waren nicht gravierend und konnten gelöst werden. Die Betriebsergebnisse der ersten Jahre liegen im Rahmen der Erwartungen und zeigen, daß die prognostizierten Potentiale zur Reduzierung des Brennstoffbedarfs realistisch sind.

Eine beachtliche Anzahl von Besuchergruppen an den einzelnen Pilotanlagen zeigt das große öffentliche Interesse an der Umsetzung solarer Nahwärmekonzepte. Die Akzeptanz der Kollektoranlagen bei den einzelnen Bauherren ist sehr hoch. Auch wenn viele Bewohner nicht wegen der Kollektoranlagen, sondern aus anderen Gründen Eigentum in den Siedlungen erworben haben, wurde die Identifikation mit der neuen Technik in der Regel sehr schnell vollzogen.

Weitere Großanlagen mit Langzeit-Wärmespeicher sind in Vorbereitung. Neue Konzepte der Wärmespeicherung und der Wärmeverteilung sowie Kostenreduzierungen bei Speichern und Kollektoren werden zu einer Senkung der solaren Wärmekosten führen. Zahlreiche unterschiedliche Baukonzepte für Langzeit-Wärmespeicher stehen zur Verfügung, die jedoch zum Teil noch erprobt werden müssen. Die Weiterentwicklung dieser Speicherkonzepte einerseits und die Entwicklung der Energiepreise andererseits werden zeigen, wie weit der Schritt zur Wirtschaftlichkeit von solarer Nahwärme noch ist. Gegenwärtig sind zumindest solar unterstützte Nahwärmesysteme mit Langzeit-Wärmespeicherung nur mit finanzieller Förderung zu errichten. Da die Baukosten der Wärmespeicher ca. 40 bis 60 % der Wärmekosten verursachen, ist hier ein großes Potential zur Kostenreduktion gegeben. Ziel ist es, die Baukosten der saisonalen Wärmespeicher auf etwa 100 DM/m³ Wasseräquivalent für Speicher mit einem Volumen von 10.000 m³ zu senken. Ein weiterer Ansatzpunkt zur Kostensenkung ist die Weiterentwicklung der Kollektoren. Hier kann insbesondere eine bessere Integration in die Gebäude eine Kostenreduzierung ermöglichen.

Die Technik solar unterstützter Nahwärmeversorgung mit Kurzzeit-Wärmespeicher ist in unterschiedlichen Konzepten entwickelt und mehrfach erprobt. Kostengünstige Anlagen dieser Art erzielen heute schon Wärmepreise, die an der Grenze zur Wirtschaftlichkeit liegen. Zukünftig wird verstärkt auf die Einbindung der konventionellen Anlagentechnik geachtet werden müssen. Die Nutzung von Solarenergie kann hier, zusätzlich zur eigentlichen Brennstoffeinsparung, weitere Betriebsvorteile durch eine aufeinander abgestimmte Kombination mit der konventionellen Anlagentechnik bringen.

7 Abkürzungen

AGFW	Arbeitsgemeinschaft Fernwärme
BHKW	Blockheizkraftwerk
BMBF	Bundesministerium für Bildung, Wissenschaft, Forschung und Technologie
BW	Brauchwasser
CPU	Central Processing Unit
DAG	Druckausdehnungsgefäß
DDA	Deutscher Dampfkesselausschuß
DDC	Digital Data Control
DFS	Deutscher Fachverband Solarenergie e.V., Christaweg 42, 79114 Freiburg
DHH	Doppelhaushälfte
EFH	Einfamilienhaus
EPDM	Ethylen-Propylen-Dien-Polymer (Synthesekautschuk)
FK	Flachkollektor
f_{sol}	solarer Deckungsanteil
GOK	Geländeoberkante
HGC	Hamburg Gas Consult, Heidenkampsweg 101, 20093 Hamburg
ITW	Institut für Thermodynamik und Wärmetechnik, Universität Stuttgart
MFH	Mehrfamilienhaus
MSR	Messen-Steuern-Regeln
MWSt.	Mehrwertsteuer
PE	Polyethylen
PVC	Polyvinylchlorid
RH	Reihenhaus
RW	Raumheizwärme
St.	Stück
STZ-EGS	Steinbeis-Transferzentrum Energie-, Gebäude- und Solartechnik
Tr	Trasse
TRY	Test Reference Year (Testreferenzjahr)
VR	Vakuumröhrenkollektor
WE	Wohneinheit
ZAE	Bayrisches Zentrum für Angewandte Energieforschung e.V., Domagkstr. 11, 80807 München
ZFS	ZFS (Zentralstelle für Solartechnik) -Rationelle Energietechnik GmbH, Verbindungsstraße 19, 40723 Hilden
ZK	Zirkulation

8 Normen und Richtlinien

Zu beachten sind die jeweils aktuellen Ausgaben der nachfolgend genannten Richtlinien, Normen, Verordnungen und Gesetze.

AGFW-Richtlinie	Technische Richtlinien für Hausanschlüsse an Fernwärmenetzen
AGFW-Merkblatt	Anforderungen an Wassererwärmer in Fernwärmenetzen
AVB Fernwärme	AVB FernwärmeV: Verordnung über allgemeine Bedingungen für die Versorgung mit Fernwärme
BGB	Bürgerliches Gesetzbuch
BImSchG	Bundesimmissionsschutzgesetz
BImSchV	4. Bundesimmissionsschutzverordnung
DampfKV	Dampfkesselverordnung: Verordnung über Dampfkesselanlagen
DIN 1988	Technische Regeln für Trinkwasserinstallationen
DIN 1998	Unterbringung von Leitungen und Anlagen in öffentlichen Flächen; Richtlinien für die Planung
DIN 4701	Regeln für die Berechnung des Wärmebedarfs von Gebäuden
DIN 4702	Heizkessel: Begriffe, Anforderungen, Prüfung, Kennzeichnung
DIN 4705	Feuerungstechnische Berechnung von Schornsteinabmessungen
DIN 4708	Zentrale Wassererwärmungsanlagen
DIN 4747	Fernwärmeanlagen
DIN 4751	Wasserheizungsanlagen
DIN 4753	Wassererwärmer und Wassererwärmungsanlagen für Trink- und Betriebswasser
DIN 4757	Sonnenheizungsanlagen
DIN 4788	Gasbrenner
DIN 18012	Hausanschlußräume
DIN EN 832	Wärmetechnisches Verhalten von Gebäuden
DIN EN 10204	Arten von Prüfbescheinigungen
DVGW-W 551	DVGW-Arbeitsblatt W 551: Trinkwassererwärmungs- und Leitungsanlagen; technische Maßnahmen zur Verminderung des Legionellenwachstums

DVGW- W 552	DVGW-Arbeitsblatt W 552: Trinkwassererwärmungs- und Leitungs- anlagen; technische Maßnahmen zur Verminderung des Legionellen- wachstums, Sanierung und Betrieb
FeuVo	Feuerungsverordnung (Länderverordnungen)
GO	Gemeindeordnungen
HeizAnV	Heizanlagenverordnung
HOAI	Honorarordnung für Architekten und Ingenieure: Verordnung über die Honorare für Leistungen der Architekten und Ingenieure (Honorarordnung für Architekten und Ingenieure)
LBauO	Landesbauordnungen
TA Luft	Technische Anleitung Luft
TA Lärm	Technische Anleitung Lärm
TRD 001	Technische Regeln für Dampfkessel: Aufbau und Anwendung der TRD
TRD 402	Technische Regeln für Dampfkessel: Ausrüstung von Dampfkesselanlagen mit Heißwassererzeugern der Gruppe IV.
TRD 612	Technische Regeln für Dampfkessel: Wasser für Heißwassererzeuger der Gruppen II bis IV
TRD 802	Technische Regeln für Dampfkessel: Dampfkessel der Gruppe III
TRD 100	Technische Regeln für Dampfkessel: Allgemeine Grundsätze für Werkstoffe
VDI 2035	Vermeidung von Schäden in Warmwasserheizanlagen - Steinbildung in Wassererwärmungs- und Warmwasserheizanlagen
VDI 2050	Heizzentralen
VDI 2067	Berechnung der Kosten von Wärmeversorgungsanlagen
VDI 3807	Energieverbrauchskennwerte für Gebäude
VDI 3808	Energiewirtschaftliche Beurteilungskriterien für heiztechnische Anlagen
VDI 3815	Grundsätze für die Bemessung der Leistung von Wärmeerzeugern
VDI 4640	Thermische Nutzung des Untergrundes: Grundlagen, Genehmigungen, Umweltaspekte
VDE 100	Errichten von Starkstromanlagen mit Nennspannungen bis 1000 V
VOB	Verdingungsordnung für Bauleistungen, Teil A und B
WHG	Wasserhaushaltsgesetz
WSVO 95	Wärmeschutzverordnung 1995: Verordnung über einen energiesparenden Wärmeschutz bei Gebäuden (Wärmeschutzverordnung)

9 Literatur und Forschungsvorhaben

9.1 Zitierte Literatur

/1/   Deutscher Bundestag, Bonn. Enquete-Komission Schutz der Erdatmosphäre (Hrsg.): Klimaänderung gefährdet globale Entwicklung. Bonn: Economia Verl.; Karlsruhe: Müller, 1992. ISBN 3-87081-332-6 (Economica); ISBN 3-7880-7448-5 (Müller).

/2/   Ostbayerisches Technologie Transfer Institut e.V. (OTTI), Regensburg (Hrsg.): Achtes Symposium thermische Solarenergie. Staffelstein, 13.-15. Mai 1998. Tagungsband Mangold, D.; Hahne, E.: Aktuelle und künftige Kosten thermischer Solaranlagen. S. 420-427.

/3/   Mangold, D.; Schmidt, T.; Hahne, E.: Solaranlagen auf dem Weg zur Wirtschaftlichkeit - Integrale Wärmeenergiekonzepte für Neubauten. In: /2/, S. 350-354.

/4/   Guigas, M.; Kübler, R.; Lutz, A.; Schulz, M.; Fisch, N.; Hahne, E.: Solar unterstützte Nahwärmeversorgung mit und ohne Langzeitwärmespeicher. Forschungsbericht. Hrsg.: Stuttgart Univ. Institut für Thermodynamik und Wärmetechnik (ITW). 1995. ISBN 3-9802243-9-2.

/5/   Guigas, M.; Fisch, N.; Kübler, R.; Hahne, E.: Solar unterstützte zentrale Warmwasserversorgung für 29 Reihenhäuser in Ravensburg, Forschungsbericht, Hrsg.: Stuttgart Univ. Institut für Thermodynamik und Wärmetechnik (ITW). 1995. ISBN 3-9802243-7-6.

/6/   Fachinformationszentrum Karlsruhe, Gesellschaft für wissenschaftlich-technische Information mbH, Eggenstein-Leopoldshafen; Forum für Zukunftsenergien e.V., Bonn (Hrsg.): Förderfibel Energie. Öffentliche Finanzhilfen für den Einsatz erneuerbarer Energiequellen und die rationelle Energieverwendung. Köln: Dt. Wirtschaftsdienst, 1997. 5., überarb. Aufl. ISBN 3-87156-211-4.

/7/   Fachinformationszentrum Karlsruhe, Gesellschaft für wissenschaftlich-technische Information mbH. Büro Bonn (Hrsg.): FISKUS. Öffentliche Finanzhilfen für den Einsatz erneuerbarer Energiequellen und die rationelle Energieverwendung. PC-Datenbank. 1998. Wird laufend aktualisiert.

/8/   DtA Solarinitiative für private Haushalte. Deutsche Ausgleichsbank, Wielandstraße 4, 53170 Bonn, Tel. 0288/831-2400.

/9/ CO_2-Minderungsprogramm der KfW. Kreditanstalt für Wiederaufbau, Palmengartenstr. 5-9, 60325 Frankfurt, Tel. 069/7431-0.

/10/   Blümel, K.; Hollan, E.; Kähler, M.; Peter, R.: Entwicklung von Testreferenzjahren (TRY) für Klimaregionen der Bundesrepublik Deutschland. Schlußbericht zum BMBF-Forschungsvorhaben 03E-5280-A. Juli 1996. BMFT-FB-T 86-051.

/11/   Simulationsprogramm TRNSYS. A Transient System Simulation Programme. Hrsg.: University of Wisconsin, Madison, (USA). Solar Energy Laboratory; Transsolar, Stuttgart.

/12/   Reiß, J.; Erhorn, H.: Stand und Tendenzen der Neubautätigkeit in Deutschland - Analyse und Entwicklung energierelevanter Gebäudekenndaten. In: Gesundheits-Ingenieur, Haustechnik-Bauphysik-Umwelttechnik. Jg. 115 (1994), H. 5, S. 233-246.

/13/   Lutz, A.: Energiekonzepte für Neubaugebiete. Hrsg.: KEA, Klimaschutz- und Ener-
         gieagentur Baden-Württemberg GmbH, Stuttgart. Stuttgart: Staatsanzeiger für Ba-
         den-Württemberg, 1996. ISBN 3-929981-13-0.
/14/   Recknagel, H.; Sprenger, E.; Schramek, E.-R. (Hrsg.): Taschenbuch für Heizung
         und Klimatechnik 97/98. München, Wien: Oldenbourg, 1997. 68. Aufl.
         ISBN 3-486-26214-9.
/15/   Wenzel, H.: Persönliche Mitteilung, TÜV Süddeutschland, München.
/16/   Bühler, H.: Persönliche Mitteilung, Verband der Technischen Überwachungsvereine
         e.V. (VdTÜV).
/17/   Sandrock, M.: Persönliche Mitteilung, FHH Umweltbehörde, Hamburg.
/18/   Benner, M.; Fisch, N.; Hahne E.: Der Heißwasser-Erdbeckenwärmespeicher in
         Rottweil. In: Ostbayerisches Technologie Transfer Institut e.V. (OTTI), Regensburg
         (Hrsg.): Fünftes Symposium thermische Solarenergie. Staffelstein, 21.-23. Juni
         1995. Tagungsband. S. 139-143.
/19/   Steinbeis-Transferzentrum Energie-, Gebäude- und Solartechnik, Stuttgart (Hrsg.):
         Solarunterstützte Nahwärmeversorgung, Saisonale Wärmespeicherung. Status-
         Seminar '98. Neckarsulm, 19.-20. Mai 1998. Statusbericht. 1998. Ebel, M.: Sola-
         runterstützte Nahwärmeversorgung Hamburg-Bramfeld - Vorhaben 0339606B.
         S. 47-58.
/20/   Stanzel, B.; Gawantka, F.: Betriebserfahrungen mit der solaren Nahwärmeversor-
         gung in Friedrichshafen / Wiggenhausen Süd, Vorhaben 0329606A. In: /19/,
         S. 59-66.
/21/   Hahne, E.; Fisch, N.; Giebe, R.; Hornberger, M.: Zukunftsorientierte Wärmeversor-
         gung für Institute der Energietechnik der Universität Stuttgart, Schlußbericht zum
         BMBF-Forschungsvorhaben 03E-8187-A. Hrsg.: Stuttgart Univ. Inst. für Thermo-
         dynamik und Wärmetechnik; Forschungsinstitut für Wärmetechnik e.V., Stuttgart.
         Dez. 1989. ISBN 3-9802243-1-7.
/22/   Giebe, R.: Ein Kies-/Wasser-Wärmespeicher in Praxis und Theorie. Dissertation.
         Universität Stuttgart, Institut für Thermodynamik und Wärmetechnik. 1989.
/23/   Deutsche Gesellschaft für Sonnenenergie e.V. (DGS), München (Hrsg.):
         11. internationales Sonnenforum. Köln, 26.-30. Juni 1998. Tagungsband. München:
         Solar Promotion Verl., 1998. Urbaneck, T.; Schirmer, U.: Der Chemnitzer Kies-
         Wasser-Speicher - Dokumentation. S. 583-586.
/24/   Hausladen, G.; Pertler, H.: Landesamt für Umweltschutz (LfU) Augsburg - Solare
         Langzeitwärmespeicherung mittels Großkollektoranlage und Kies-Wasser-Wärme-
         speicher. In: /23/, S. 568-574.
/25/   Seiwald, H.; Hahne E.: Das solar unterstützte Nahwärmeversorgungssystem mit
         Erdwärmesonden-Speicher in Neckarsulm. In: /23/, S. 560-567.
/26/   Seibt, P.; Kabus, F.: A large-scale heat and cold aquifer storage system right in the
         middle of Berlin. In: Ochifuji, K.; Nagano, K. (Hokkaido Univ., Sapporo [Japan])
         (Hrsg.): Megastock '97. 7th Int. Conference on Thermal Energy Storage. Sapporo,
         18.-21. Juni 1997. Proceedings. Vol. 1. S. 455-460.
/27/   Kübler, R.; Fisch, N.: Wärmespeicher: ein Informationspaket. Hrsg.: Fachinformati-
         onszentrum Karlsruhe, Gesellschaft für wissenschaftlich-technische Information

mbH, Eggenstein-Leopoldshafen. Köln: Verl. TÜV Rheinland, 1998. 3., erw. und
völlig überarb. Aufl. ISBN 3-8249-0442-X.

/28/ Geipel, W.; Zeitvogel, H.-D.: Planung, Bau und Betrieb eines wärmegedämmten
Erdbecken-Versuchswärmespeichers mit 30 000 m³ Inhalt, zur Aufnahme von
Warmwasser mit mindestens 90°C. Schlußbericht zum BMBF-Forschungsvorhaben
ET-4227 A/B. Teil 1 und 2. Hrsg.: Stadtwerke Mannheim AG. 1981.

/29/ Forschungs- und Entwicklungsinstitut für Industrie- und Siedlungswasserwirtschaft
sowie Abfallwirtschaft e.V., Stuttgart (Hrsg.): Saisonale Wärmespeicherung im
Aquifer: Chancen und Risiken für die Umwelt. Symposium. Stuttgart, 19. Okt.
1993. München: Oldenbourg, 1994. ISBN 3-486-26119-3. Stuttgarter Berichte zur
Siedlungswasserwirtschaft. Bd. 124.

9.2 Laufende und abgeschlossene Forschungsvorhaben des Bundesministeriums für Bildung, Wissenschaft, Forschung und Technologie

Im folgenden werden Forschungsvorhaben zum Thema **Solare Nahwärme** vorgestellt, die
vom Bundesministerum für Bildung, Wissenschaft, Forschung und Technologie (BMBF)
gefördert werden.

Einen Gesamtüberblick über die Energieforschung bietet der Jahresbericht Energieforschung und Energietechnologien, Erneuerbare Energiequellen, Rationelle Energieverwendung, der vom Fachinformationszentrum Karlsruhe, Büro Bonn im Auftrag des BMBF erstellt wird. Einen Bestellprospekt senden wir Ihnen gerne zu.

Hinweis: Die Sortierung der Forschungsvorhaben erfolgt nach dem Förderungskennzeichen

9.2.1 Laufende und kürzlich abgeschlossene Forschungsvorhaben

Förderungs-Kennzeichen /Laufzeit	Ausführende Stelle	Projekt
0329591A 01.07.94- 31.12.98	Bayerische Landesanstalt für Landtechnik der TU München Vöttinger Str. 36 85354 Freising	Untersuchung zur Saisonalen Speicherung industrieller Abwärme in einem Sondenspeicher mit einer Nahwärmeversorgung.
0329606A 01.01.94- 31.12.98	Technische Werke Friedrichshafen GmbH Kornblumenstr. 7/1 88046 Friedrichshafen	Solarthermie-2000, Teilprogramm 3: Solare Nahwärme Wiggenhausen/ Friedrichshafen

0329606B 01.06.94- 31.12.98	Hamburger Gaswerke GmbH Heidenkampsweg 99 20097 Hamburg	Solarthermie-2000, Teilprogramm 3: Nahwärmeversorgung in Hamburg-Bramfeld.
0329606F 01.03.96- 31.10.98	Zentrum für Sonnenenergie und Wasserstoff-Forschung ZSW Heßbrühlstr. 21c 70565 Stuttgart	Solarthermie-2000, Teilprogramm 3: Solare Nahwärme Chemnitz. Meßprogramm und Begleitforschung.
0329606G 01.11.95- 31.07.97	IN-Bau GmbH Julius-Hölder-Str. 29a 70597 Stuttgart	Solarthermie-2000, Teilprogramm 3: Solare Nahwärme Technologiepark Solaris in Chemnitz.
0329606J 01.10.96- 30.09.98	Universität Stuttgart Keplerstr. 7 70174 Stuttgart	Solarthermie-2000, Teilprogramm 3: Solarunterstützte Nahwärmeversorgung. Begleitforschung: Dichte Heißwasser-Wärmespeicher aus Hochleistungs-Beton.
0329606K 01.09.96- 31.01.99	Stadtwerke Neckarsulm Postfach 1361 74150 Neckarsulm	Solarthermie-2000, Teilprogramm 3: Solare Nahwärme mit Erdsonden-Wärmespeicher, Phase I.
0329652F 01.05.97- 31.05.98	Neckarwerke Stuttgart AG Postfach 70167 Stuttgart	Solarthermie-2000, Teilprogramm 2: Solarunterstützte Nahwärmeversorgung für das Neubaugebiet Burgholzhof in Stuttgart.
0329728A 01.12.96- 30.11.98	Bayerisches Zentrum für Angewandte Energieforschung (ZAE) Am Hubland 7 97074 Würzburg	Solarthermie-2000, Begleitforschung: Entwicklung eines standardisierten Abnahmeverfahrens für solarthermische Großanlagen.
0329809A 01.10.97- 30.06.98	Universität Giessen Inst. für angewandte Geowissenschaften Diezstr. 15 35390 Giessen	Wärmespeicherung in Aquiferen. Internationaler Stand der Entwicklung-Potential-Anwendung. Leitung und Deutsche Mitarbeit im IEA ECES Annex 12, Phase I.

9.2.2 Forschungsberichte

Bei den nachfolgend aufgeführten Forschungsberichten handelt es sich um eine Auswahl von Forschungsberichten zum Thema **Solare Nahwärme**. Forschungsberichte aus dem naturwissenschaftlich-technischen Bereich werden zentral von der Technischen Informationsbibliothek (TIB) in Hannover gesammelt und können dort ausgeliehen werden. Die bibliographischen Angaben enthalten, soweit bekannt, die Signatur der TIB. Die Bestelladresse für Forschungsberichte lautet:

Technische Informationsbibliothek Hannover (TIB), Postfach 60 80, 30060 Hannover

Die vom Fachinformationszentrum Karlsruhe angebotenen, ständig aktualisierten Datenbanken "FTN - **Forschungsberichte aus Technik und Naturwissenschaften**" und „**TIBKAT**" (Bestandskatalog der Technischen Informationsbibliothek) verzeichnen die in der Bundesrepublik erscheinenden Forschungsberichte.

Die *Sortierung* der Forschungsberichte in nachfolgender Auflistung erfolgt nach dem *Förderkennzeichen*.

Sofern die Berichte auch käuflich erworben werden können, haben wir eine Vertriebsadresse angegeben.

Titel: Solare Nahwärme.
Autor(en):   Nast, M.
Durchführung: Forschungszentrum Jülich GmbH. Programmgruppe Technologiefolgenforschung
Förderkennz.:   **ET9188A**
                    Febr. 1994. 60 S.
Reihe: IKARUS. Instrumente für Klimagas-Reduktionsstrategien. Teilprojekt 3: Primärenergie. Bd. 3-03.
                    Signatur TIB Hannover: QN 51(3-03)
Vertrieb: Forschungszentrum Jülich, Zentralbibliothek, 52425 Jülich

Titel: Zukunftsorientierte Wärmeversorgung für Institute der Energietechnik der Universität Stuttgart.
Autor(en):   Fisch, N.; Giebe, R.; Hahne, E.; Hornberger, M.
Durchführung: Stuttgart Univ. Inst. f. Thermodynamik u. Wärmetechnik
Förderkennz.:   **03E8187A**
                    Dezember 1989. 99 S.
                    Signatur TIB Hannover: FR 3520+a

Titel: Einsatz von solar unterstützten Nahwärmeversorgungssystemen mit saisonalem Wärmespeicher.
Autor(en):   Hahn, E.; Fisch, N.; Kübler, R. u.a.
Durchführung: Stuttgart Univ. Inst. für Thermodynamik und Wärmetechnik
Förderkennz.:   **0328867A**
                    Juni 1992. 94 S.
                    Signatur TIB Hannover: FR 6694+a

Titel: Solar unterstützte zentrale Warmwasserversorgung für 29 Reihenhäuser in Ravensburg.
Autor(en):   Guigas, M.; Fisch, N.; Kübler, R.; Hahne, E.
Durchführung: Stuttgart Univ. Inst. für Thermodynamik und Wärmetechnik
Förderkennz.:   **0328867B**
                    Mai 1994. 34 S.
                    ISBN 3-9802243-7-6
                    Signatur TIB-Hannover: F94B0642+a

Vertrieb: Universität Stuttgart, Inst. für Thermodynamik und Wärmetechnik, Pfaffenwaldring 6, 70550 Stuttgart

Titel: Solar unterstützte Nahwärmeversorgung mit und ohne Langzeitwärmespeicher.

Autor(en): Guigas, M.; Kübler, R.; Lutz, A.; Schulz, M.; Fisch, N.; Hahne, E.

Durchführung: Stuttgart Univ. Inst. für Thermodynamik und Wärmetechnik

Förderkennz.: **0328867C**

Juni 1995. 85 S.

ISBN 3-9802243-9-2

Signatur TIB Hannover: F95B1192+a

Vertrieb: Universität Stuttgart, Inst. für Thermodynamik und Wärmetechnik, Pfaffenwaldring 6, 70550 Stuttgart

Titel: Einbindung von Sonnenenergie in die Wärmeversorgung der Stadtwerke Göttingen AG. Koordination und wissenschaftlich-technisches Begleitprogramm.

Autor(en): Tepe, R.; Vanoli, K.; Pfluger, R.

Durchführung: Institut für Solarenergieforschung GmbH, Emmerthal

Förderkennz.: **0328867D**

Nov. 1996. 136 S.

Signatur TIB Hannover: F96B1916+a

Titel: Saisonale Wärmespeicherung mit vertikalen Erdsonden im Temperaturbereich von 40 bis 80 °C.

Autor(en) Seiwald, H.; Kübler, R.; Fisch, N.; Hahne, E.

Durchführung: Stuttgart Univ. Inst. für Thermodynamik und Wärmetechnik

Förderkennz.: **0329126A**

Juni 1995. 72 S.

Signatur TIB Hannover: F95B1288+a

Titel: Pilotvorhaben Erdbecken-Heisswasserwärmespeicher in Rottweil. Abschlußbericht.

Autor(en): Hirt, N.; Benner, N.

Durchführung: Stadt Rottweil. Stadtwerke

Förderkennz.: **0329383A**

1997. 63 Bl.

Signatur TIB-Hannover: F98B1281+a

Titel: Solare Nahwärme. Voruntersuchung für ausgewählte Standorte in Sachsen.

Autor(en): Rindelhardt, U.; Naehring, F.

Durchführung: Forschungszentrum Rossendorf e.V. (FZR), Dresden. Inst. für Sichterheitsforschung

Förderkennz.: **0329531A**

[1996]. 48 S.

Signatur TIB Hannover: F96B1193+a

Titel: Solarunterstützte Nahwärmeversorgung - Wissenschaftlich-Technische Be-
                    gleitforschung.
Autor(en):   Benner, M.; Mahler, B.; Mangold, D.; Schmidt, Th.; Schulz, M. E.; Seiwald,
                    H.; Hahne, E.
Durchführung: Stuttgart Univ. Inst. für Thermodynamik und Wärmetechnik
Förderkennz.: **0329606C**
                    Erscheint im Nov. 1998.
Vertrieb: Universität Stuttgart, Inst. für Thermodynamik und Wärmetechnik, Pfaffen-
                    waldring 6, 70550 Stuttgart

Titel: Solarthermie 2000. Teilprojekt 3: Solare Nahwärme. Pilotprojekt Schwä-
                    bisch-Gmünd, Schillerstrasse. Schlußbericht.
Durchführung: Steinbeis-Transferzentrum Rationelle Energienutzung und Solartechnik,
                    Stuttgart
Förderkennz.: **0329606D**
                    März 1997. 20 S.
                    Signatur TIB-Hannover: DtF QN1(50,54)

Titel: Solarthermie 2000. Teilprojekt 3: Solare Nahwärme Solar-Campus Jülich.
                    Machbarkeitsuntersuchungen des saisonalen Wärmespeichers.
Autor(en):   Braxein, A.; Draheim, C.
Durchführung: Stadtwerke Jülich; Ingenieurgesellschaft für Wasser und Umwelt, Aachen
Förderkennz.: **0329606H**
                    März 1996. 29 S.
Vertrieb: Ingenieurgesellschaft für Wasser und Umwelt mbH, Technologiezentrum,
                    Jülicher Str. 336, 52070 Aachen

9.3 Weiterführende Literatur

Dieses Literaturverzeichnis weist auf deutschsprachige Dokumente zum Thema „**Solare
Nahwärme**" hin, die im Buchhandel oder bei den angegebenen Bezugsadressen erhältlich
sind. Die Titel können auch in öffentlichen Bibliotheken, Fach- und Universitätsbibliothe-
ken ausgeliehen werden. Das Verzeichnis ist **alphabetisch nach Autoren oder Herausge-
bern** sortiert. Bei Buchangaben ohne Inhaltsangabe handelt es sich um interessante Literatur
zum Thema, die aber nicht in unserem Bibliotheksbestand ist.

Für ausführliche Zusammenstellungen von Literaturhinweisen werden beim Fachinformationszentrum Karlsruhe, 76344 Eggenstein-Leopoldshafen, unter anderem folgende Datenbanken bereitgehalten:

- **Energy, Energie (ENERGY Information Data Base des U.S. Department of Energy;**
  ENERGIE enthält vorwiegend Literaturhinweise aus Deutschland und deutschsprachigen
  Ländern

- **ICONDA** (International Construction Database des Informationszentrums Raum und Bau
  (IRB) der Fraunhofer-Gesellschaft)

- **RSWB** (Raumordnung, Städtebau, Wohnungswesen, Bauwesen des Informationszentrums Raum und Bau (IRB) der Fraunhofer-Gesellschaft)

Neben der Möglichkeit, an einem PC mit online-Anschluß selbst zu recherchieren, kann dem Fachinformationszentrum auch ein Auftrag für Recherchen (einmalige Literaturzusammenstellung zu einem oder mehreren Themen) oder Profildienste (Literaturzusammenstellungen in regelmäßigen Abständen) gegeben werden. Informationen über das Datenbankangebot (Literatur- und Faktendatenbanken), Preise und Konditionen für Recherchen senden wir auf Wunsch gerne zu.

Titel:	Solar unterstützte Heizung und Kühlung von Gebäuden. Dissertation. Universität Stuttgart, Institut für Thermodynamik und Wärmetechnik.
Autor(en):	**Hornberger, Martin**
Herausgeber:	Deutscher Kälte- und Klimatechnischer Verein e.V. (DKV), Stuttgart
	1994. ca. 150 S.
	ISBN 3-922-429-48-3
Reihe:	Forschungsberichte des Deutschen Kälte- und Klimatechnischen Vereins. Nr. 47
Preis:	DM 25,00 plus Porto u. Versandkosten
Vertrieb:	DKV, Pfaffenwaldring 10, 70550 Stuttgart

📖 Es wurden solargestützte Heizungssysteme, bestehend aus Kollektoren, Langzeit-Wärmespeicher und Wärmepumpe oder Zusatzkessel sowie kombinierte Heiz-, Kühlsysteme, bestehend aus Kollektoren, kombiniertem Wärme- /Kältespeicher und Wärmepumpe, theoretisch und experimentell untersucht. Im theoretischen Teil wurden Berechnungsverfahren und Simulationsprogramme für unverglaste Kollektoren, ein Wasser- bzw. Kies/ Wasser-Speicher, eine Elektro- und eine Gasmotorwärmepumpe erstellt. Daraus wurde je ein Simulationsprogramm für solargestützte Heizungssysteme und eines für kombinierte Heiz-/ Kühlsysteme zusammengestellt. Im experimentellen Teil wurde eine Pilotanlage mit unverglasten Kollektoren, Kies/ Wasserspeicher, Elektrowärmepumpe und Büro-/Laborgebäude jeweils zwei Jahre lang als solargestütztes Heizungssystem bzw. als kombiniertes Heiz-/ Kühlsystem betrieben.

Titel:	Solare Nahwärme. Protokollband der 29. Sitzung „Arbeitskreis Energieberatung" am 30.09.1996, Solare Nahwärme in der Siedlungsplanung - Stand der Technik und Planungshinweise.
Autor(en):	**Rentz, Michael (Hrsg.)**
Herausgeber:	Institut Wohnen und Umwelt GmbH, Darmstadt
	1996. 41 S. + Anhang
Preis:	DM 13,00
Vertrieb:	Institut Wohnen und Umwelt GmbH, Annastr. 15, 64285 Darmstadt

Titel: Saisonale Wärmespeicher und Solare Nahwärmeversorgung in Siedlungsge-
                    bieten.
Autor(en):   **Rentz, Michael (Hrsg.)**
Herausgeber: Institut Wohnen und Umwelt GmbH, Darmstadt
                    1996.100 S.
Preis: DM 13,00
Vertrieb: Institut Wohnen und Umwelt GmbH, Annastr. 15, 64285 Darmstadt

Titel: Solarunterstützte Nahwärmeversorgung, saisonale Wärmespeicherung.
                    Neckarsulm, 19.-20. Mai 1998. Statusbericht '98.
Herausgeber: **Steinbeis-Transferzentrum Energie-, Gebäude- und Solartechnik (STZ-
                    EGS), Stuttgart**
                    1998. 199 S.
Preis: DM 40,00 incl. MWSt. und Versandkosten (Verrechnungsscheck)
Vertrieb: Informationsdienst BINE, Fachinformationszentrum Karlsruhe, Büro Bonn
                    Mechenstr. 57, 53129 Bonn

📖   Der Statusbericht wurde anläßlich des gleichnamigen BMBF-Statusseminars
                    herausgegeben. Der Bericht enthält neben den Tagungsbeiträgen auch die
                    Sachstandsberichte aller Projekte, die zu diesem Thema in den letzten Jahren
                    vom BMBF in dem Programm Solarthermie 2000 bereits abgeschlossen wur-
                    den oder z. Zt. noch gefördert werden. Die Fördermaßnahme Solarthermie
                    2000 wurde 1993 begonnen. Ziel des Statusseminars war die Bestandsauf-
                    nahme des aktuellen Standes der Projekte der solarunterstützten Nahwärme-
                    versorgung. Ein Schwerpunkt in dem Teilprogramm 3 ist die saisonale Wär-
                    mespeicherung, die daher im Rahmen eines Workshops gesondert behandelt
                    wurde.

Titel: Nahwärme in Neubaugebieten. Neue Wege zu kostengünstigen Lösungen.
Autor(en):   **Witt, J.**
Herausgeber: Öko-Institut e.V., Freiburg
Quelle: Freiburg : Selbstverl. 1995. 105 S.
                    ISBN 3-928433-25-3
Preis: DM 39,00 + Porto
Vertrieb: Öko-Institut, Postfach 6226, 79038 Freiburg

📖   Das vorliegende Handbuch zeigt, wie sich durch eine geschickte Planung
                    auch kleine Verbraucher kostengünstig mit Nahwärme versorgen lassen,
                    womit auch in Neubaugebieten der wirtschaftliche Betrieb von Blockheiz-
                    kraftwerken möglich wird. Das Buch eignet sich als Argumentationshilfe in
                    der kommunalpolitischen Diskussion und als Leitfaden für die Planung von
                    Neubaugebieten. Es richtet sich an Energieversorgungsunternehmen, Pla-
                    nungsbüros und Kommunalverwaltungen.

9.4 Liefernachweise für dynamische Simulationsprogramme

TRNSYS   TRANSSOLAR, Nobelstr. 15, 70569 Stuttgart,
           Fax: +49-(0)711-67976-11

SMILE   TU Berlin, Marchstr. 18, 10587 Berlin,
           Fax: +49-(0)30-314-21779

MINSUN   Politecnico di Milano, Dipartimento di Energetica, Piazza L. da Vinci
           N 32, 20133 Milano, Italia, Fax: +39-(0)22-3993940

SOLCHIPS   Helsinki University of Technology, FIN-02150 Espoo, Finland,
           Fax: +358-(0)9-451-3195

10 Anschrift der Autoren

Martin Benner, Boris Mahler,   Arbeitsgruppe Solar unterstützte
Dirk Mangold, Thomas Schmidt,   Nahwärmeversorgung
Monika E. Schulz, Helmut Seiwald Institut für Thermodynamik und Wärmetechnik,
                                     Universität Stuttgart,
                                     Pfaffenwaldring 6, 70550 Stuttgart

Martin Ebel   Hamburg Gas Consult,
                                     Heidenkampsweg 101, 20093 Hamburg

Rainer Kübler   Steinbeis-Transferzentrum
                                     Energie-, Gebäude- und Solartechnik,
                                     Heßbrühlstraße 15, 70565 Stuttgart